「ぜひ知っておきたい 農薬と農産物」　正誤表

頁	行（箇所）	誤	正
88	2行目	殺虫作用	除草作用
115	1行目	ウイルス摂取法	ウイルス接種法
123	5行目	防除歴	防除暦
171	9行目	ヘクター	ヘクタール
178	4行目	エシャロット	シャロット
179	6行目	散布機	噴霧器
180	表9.2（5行目）ベトナム南部の欄	0	1〜2
183	7行目	一九七〇年初めに	一九七一年に
196	2行目	（小型の赤タマネギ）	（シャロット）
196	3行目	十〜二十五	二十〜二十五
197	6行目	鳥取大学伊藤研究室	鳥取大学伊東研究室

幸書房

ぜひ知っておきたい

農薬と農産物

坂井道彦
小池康雄　編著

幸書房

執　筆　者（執筆順）

坂井道彦　農薬開発コンサルタント

小池康雄　ラスジャパン有限会社 取締役

北村泰三　ナガノ農薬(株)，広田産業(株)技術顧問
元 長野県果樹試験場病害虫部長

根本　久　埼玉県農林総合研究センター　生物機能担当 担当部長

近藤和信　アリスタライフサイエンス(株)国際ユニット 技術顧問

編著者略歴

坂井道彦（さかい　みちひこ）

1933年　東京都淀橋区（現 新宿区）に生まれる.

1951年　都立小山台高等学校 卒業.

1955年　東京大学農学部害虫学研究室 卒業.

1969年　農学博士（東京大学）.

1957～1988年　武田薬品工業(株)で農薬研究開発に従事，開発部長を務める.

1988～2000年　ICI ジャパン(株)（社名ゼネカに変更，現在シンジェンタに合併）農薬事業部副事業部長，研究開発に従事. 1993年停年退職後同社顧問.

2000～2002年　(株)オリノバ顧問. 水稲品種育種・開発に従事.

現　在　農薬開発コンサルタント.（社)緑の安全推進協会委嘱講師など農薬の開発，安全性啓蒙活動などに従事.

〈著　書〉「海洋資源と医薬品」（共著，廣川書店）など

小池康雄（こいけ　やすお）

1944年　東京都四谷区（現新宿区）に生まれる.

1963年　東京都立新宿高等学校 卒業.

1967年　日本獣医畜産大学獣医畜産学部獣医学科 卒業.

1969年　日本獣医畜産大学大学院獣医学研究科修士課程 修了.

1969～1980年　日本農産工業(株)入社. 中央研究所にて食品衛生および家畜伝染病の研究に従事.

1980～1986年　日本獣医畜産大学　獣医公衆衛生学教室助手.

1986～2001年　ICI ジャパン(株)（社名ゼネカに変更，現在シンジェンタに合併）にて農薬の登録・開発・研究に従事し，同社中央研究所長を務める.

現　在　ラスジャパン有限会社 取締役.

〈著　書〉「ぜひ知っておきたい現代食品衛生事情」（共著，幸書房）

発刊にあたって

現在の日本では農産物の不足は考えられないばかりか、国産・輸入品ともに品目の潤沢さと品質の高さはかつてなかったほどになっています。しかし、平成十五年の今年は冷夏と病害のため、北日本を中心に稲作が不良となりました。平成五年の冷害と違って今年は幸い備蓄米があったため大きな混乱はなかったものの、気象条件によっていとも簡単に農業生産が危機的な状況になることは、とくに都市生活者には予測できなかったのではないでしょうか。この冷害で痛手をこうむった農家も少なからずありました。無農薬・減農薬栽培を行っていた農家がやむを得ずいもち病防除の農薬を使用した地域もありました。このことは、作物を加害する生物を防除しなければ食料の安定供給に支障をきたすということ、そして防除を支えている技術の一つとして農薬が役立っていることを如実に物語っています。

一方、農薬には化学物質としての安全性問題がともないます。平成十四年の無登録農薬の販売や輸入農産物の残留農薬のような問題は世間に不安をもたらしました。また、無農薬・減農薬・有機栽培の農産物が安全としてこれらを買う人も少なくありません。もちろん農薬の不法使用には厳しい対処が必要です。しかし、農薬が不可欠であるという認識のもとに人智が傾けられてきた成果として、現在の農薬の安全性とその安全を確保するための使用法は、過去の農薬に比べて格段に向上していることを認識する必要があります。実際に、日本の農産物からは残留農薬は検出されないか、検出されてもその量は健康に影響がない最大値よりもはるかに低いことがわかっています。一部の情報で不安にかられて農薬を排除することが、農産物の生産技術と供給のあり方をゆがめていることはないでしょうか。

世界的にみれば現在の農業には、安全な食料の供給はもちろんですが、さらに人口増加と生活水準の向上に対応した食料増産、地球環境保全、化石燃料確保など地球規模での持続性への対応が求められています。食料を海外に大きく依存している私たちは、このような状況の中での農業と農薬のあり方を考えなければいけないのではないでしょうか。

本書では、各分野でご経験豊かな方々にもご執筆をお願いし、農薬の安全性問題だけでなく、農業での有害生物防除技術とその実態、東アジアの農薬事情、さらに食料・環境問題など、農薬とその使用の背景も含めた幅広い解説を試みました。読者の方々の農業と農薬についての正しい認識と考察の一助になればと念じております。

おわりになりましたが、ご多忙中ご執筆を快く引き受けて下さった北村、近藤、根本の三氏に心から感謝いたします。また、本書出版を企画され、執筆にあたって多大のご助力をいただいた、夏野雅博部長はじめ幸書房出版部の皆様に厚く御礼申しあげます。

二〇〇三年　十月

編著者　坂井道彦
　　　　小池康雄

目　次

ぜひ知っておきたい

農薬と農産物

第1章　作物栽培と農薬

1　農業と作物

いうまでもなく、私たちの食生活は農業によって支えられています。農業がなければ、現在の人類の繁栄はなかったし、今後の存続もありえないでしょう。

ひとことでいえば、農業とは人間が生きていくためのエネルギーと栄養素を、太陽エネルギーを利用して農作物の中に蓄えるための行いです。人間は太陽エネルギーを効率よく食糧として利用するために、作物という植物を作りだし、その栽培を支えるさまざまな技術を開発してきました。そして農薬もこれらの技術の一つとして発達してきました。ここでは農薬を理解するために、まず農業とは何か、作物とは何なのか、作物栽培になぜ農薬を必要としているのかを考えてみたいと思います。

2　農業の起源と作物の誕生

古代人類が地球上に現れたのは、今から二百万年ほど前の氷河期時代の後半と推定されています。人類は氷河期時代には冷たい雨や野獣を避けるために洞窟や岩陰に住んで、草原にすむ大型哺乳類を主な食糧としていました。やがて後氷期の気象が温暖になってくると、森林は針葉樹林から落葉広葉樹林に変わって、草原にも広葉樹林が広がるようになりました。草原の縮小に伴って大型動物が減ってくると、人類は主な食糧を植物に依存するようになりました。広葉樹の種子、果実やイモ（根や根茎）などは、それまで食べていた草木の若芽より栄養があり、そのうえ貯蔵ができるため、季節にあまり左右されずに食糧として利用できるという利点がありました。そのため、人類は定住して食糧を生産するようになり、また人口が増えてやがて社会生活を営むようになりました。日本ではこの時期がほぼ紀元前一万年で、縄文時代の頃にあたります。

人類はこのような過程を経る中で、食べて捨てたり、貯蔵しておいた種子やイモから芽がでて植物が育つということを発見したようです。そして、食べ物として利用できる植物を、まず住家のまわりで育てるようになり、これが農業の原点になったと考えられています。これが、今から一万二〇〇〇年ほど前と推定されています。以後、人類は植物の野生種の中から、より食糧として適した性質をもつ変り種を選びだすようになり、これをくり返すことによって栽培に適した「作物」を作りだし、同時に作物がよりよく育つように栽培法を改良してきました。

初期の農業は、それこそいまでいう有機農業でしたが、十九世紀半ばから農業は大きく変わりました。一八四〇年には、リービッヒが植物は無機質だけを栄養として取り込むことを発見し、これに基づいて無機肥料の投入が始まり、また一九一三年にハーバーとボッシュが空中窒素固定法を開発したことにより、硫安などの合成窒素肥料が普及するようになりました。さらに二十世紀中期からの有機合成農薬の導入、遺伝学に基づく品種改良などによって農業生産は飛躍的に増大しました。また、役畜の利用・機械の導入のほか、運搬・加工・保存などの技術の発達が農業の効率化と農産物の利用度を高めてきたことも見逃すことはできません。

3　作物は人工植物

現在この地球上には約三十万種の植物が存在していますが、そのうち食用になるものが約八万種あり、そのうち「作物」と呼ばれているものは約二八〇種あるといわれています。これらのうち、穀類がアワやヒエの類を含めて数十種、果樹類が数十種、あとの作物のほとんどは野菜です。さらに現在は、栽培の時期と地域の気象条件に応じて栽培され、また、味や色に対するさまざまな嗜好を満たせるように、同一種であってもいろいろな品種が作られています。

動植物の遺伝的性質を改良することを「育種」といいます。生物は一般的に同じ種でも個体差があり、また突然変異によって元来とは違う性質の個体が現れることがあります。育種では、これらの中からより良い性質をもつ個体を選びだし、さらにそれをくり返しかけあわせて、目的とする「品種」を作ります。現在の農作物の原型はすでに数千年前にできあがっていたと考えられていますが、私たちの祖先は何千年もの間、観察と経験によって育種を行って作物を作り続けてきたわけで、現在の作物は祖先から受け継いだ大いなる遺産であるといえます。

このように人間が手をかけ、長い歳月をかけて作りあげてきた作物は、野生種とは別の植物になっているといえます。作物とは人が「作るもの」であり、自然のままで育つ植物ではありません。人間が土を耕し、肥料と水を与え、病害虫や雑草を防ぎ、剪定したり覆いをかぶせるなどの手をかけて育ててやらなければならないのです。

作物は野生種に比べると、一般的に次のような違いがあります。

① 野生種の果実や種子はひとりでに落ちて子孫が増えるが、作物の果実や種子は成熟しても脱落しにくいため、食糧としても、また次の栽培のための種子としても収穫しやすい。

② 野生種の種子は発芽がふぞろいで、また休眠するものが多く、気象の変化に耐えて生き残ることができる。作物の種子は一斉に発芽して生育がそろうので、栽培管理と収穫作業がしやすい。

③ 作物は肥料を施すことによって正常に生育する。

④ 作物の栄養器官（葉や茎）と生殖器官（花、果実）は、食糧として利用できる部分が大きく、不要な部分は小さい。野生種では両者のバランスがとれている。

⑤ 作物の葉や花の色は鮮やかなものが多い。

⑥ 作物は野生種に比べ味がよく、栄養価も高い。また収量も多い。

⑦ 多くの野生種は、外敵から身を守るための器官（毛、トゲなど）や防御物質をもっている

が、作物ではこのようなものは少ない。

4　武装解除された植物

前節①と②の野生種の性質は種の保存のための戦略といえるし、また⑦はそのための武器ともいえるでしょう。しかし、食糧として利用するときに邪魔になる硬い毛やトゲ、また防御物質はできるだけなくしていくように、作物は育種されてきました。身近な例としては、昔のキュウリには野生種の名残と思われるトゲがありましたが、改良が重ねられ最近の品種にはあまりトゲがありません。また、バラも最近の品種にはトゲがないものが多くなり、「きれいなバラにはトゲがある」という諺（ことわざ）はいまでは通用しなくなっています。

植物は、防御物質を作って体内に蓄えているだけでなく、病害微生物や害虫に攻撃されるとそれが引き金となって、毒性成分が植物体中に作りだされる「誘導抵抗性」と呼ばれる機構をもつ植物もあります。また、多くの野生種は、他種に対して成長抑制作用をもつ物質を放散し、自身の生き残りのために周辺の他の植物の生育を抑える働き（他感作用：アレロパシーという）

をもっています。

作物にも防御物質をもつものがあります。たとえば、アブラナ科の野菜には殺虫成分がありますが、これを食べるコナガ、モンシロチョウ、ある種のアブラムシなどには、この有毒成分を分解する能力があるようです。また、殺虫力があるタバコのニコチン成分は、害虫の加害が引き金となって生ずる誘導抵抗性物質の一種です。それに対して、ある種のイモムシは、ニコチンを速やかに排せつする能力があり、またある種のアブラムシはニコチンがない組織から汁を吸うことができるので、これらはタバコの害虫となっています。

このような防御機構は、自身を脅かす他の生物を完ぺきに防ぐというわけではありません。しかし野生種は、多少被害を受けても種の存続ができる程度に被害を抑えられればいいので、これらの**兵器**を使ってより有利な立場を保とうとしているといえます。

植物の防御物質は、人間に対して苦味や毒性を示すものが多く、ワサビのような例外もありますが、たいていは人間にとって好ましい成分とはいえません。作物は育種の過程で、このような成分を失ってしまった、外敵の攻撃に対して弱い植物であるといえます。そのうえ、野生種にくらべて栄養成分が多く含まれるので、虫や微生物にとってはかっこうの食べ物となるわけです。つまり作物とは「武装解除され、飼いならされた植物」といってよいでしょう。

5　農耕地は自然ではない

私たちは、原野や森林を切り開いて農耕地を作り、同じ種類の作物を大量に植えて農業を営んでいます。北米のような大農法では、一カ所に数百、数千ヘクタールにもわたって同じ作物が植えられることも珍しくありません。この節では、自然のままの環境と人の手が加えられた農耕地との違いと、農耕地に発生してくる病害虫と雑草の問題を考えてみます。

5.1　自然生態系

自然生態系ではその土地の条件に合った植物が育ち、多くの場合、高い樹木から草までを含むその土地特有の豊富な植物相がかたち作られます。そこでは、ごく一部の微生物を除いて、生物は他の生物がいなければ生きていけません。土中の無機物によって植物が育ち、草食動物が植物を食べ、肉食動物は草食動物や他の肉食動物を食べ、枯れた植物と動物の排せつ物や死がいは、動物や微生物の栄養となった後は分解されて無機物となり、ふたたび植物に利用されるという関係が作られています。つまり、自然生態系では、生物と無生物要因が互いに複雑な鎖のように結び合わさった食物連鎖または栄養連鎖がかたち作られ、物質とエネルギーの循環がその輪の中で完結する生態系が作られています。

生物はそれぞれ食べ物に好き嫌いがあります。たとえばアゲハチョウの幼虫はミカンや近縁の植物の葉しか食べません。微生物もそれぞれ寄生する植物種が限られています。脊椎動物も、種ごとに餌の種類は多少なりとも限定されています（蛇足ながら、人間ほど食べ物の範囲が広い動物はありません）。自然生態系では、植物の種類が豊富なうえに、その中ではさまざまな環境条件に適した、たくさんの生物が生活しており、生態系全体として豊富な生物相を形成しています。そして、捕食者の数がその餌となる生物がいなくなるほどには増えないことで、それぞれの生物種の数は極端に多くも少なくもならず、バランスのとれた状態が保たれます。

5.2　農耕地生態系

農耕地では自然生態系とは異なった「農耕地生態系」がかたち作られます（図1・1）。農耕地では、太陽エネルギーを効率よく蓄え、作物が健全に育つことができるように、土が耕され、

図1.1　広大なキャベツ畑では農耕地生態系がかたち作られている

水や肥料が生態系の外から投入されます。砂漠だったところに水をひいて、作物を栽培するようになった地帯は世界のあちこちにあります。作物を育てるにはその土地の肥料分だけでは不十分で、さらに作物は収穫物として生態系から取り除かれてしまうので土地の栄養分にはならず、またさらに肥料が必要になります。このように農耕地では、自然生態系とちがって、物質の循環はその中だけでは完結していません。

また、農耕地では生物も自然生態系とは異なったかたちで発生します。自然生態系の植物相は変化に富んでいますが、農耕地の植物はほとんど作物だけです。そのような環境では、その作物に付く虫や微生物が優先的に発生し、その農耕地の条件に適した植物が生えてきます。

表1. 1　処女草原と麦畑の昆虫相の比較[1)]

		種数	
		処女草原	麦　畑
ウンカ、ヨコバイ類（同翅亜目）		35	12
カメムシ類（異翅亜目）		38	19
甲虫類（甲虫目）		93	39
ハチ類（ハチ目）		37	18
その他		137	54
計		340	142
1 m^2 あたり個体数　（A）		199	351
優先種	種類数	41	19
	1 m^2 あたり個体数　（B）	112	332
全個体数に対する優先種数の割合（B/A, %）		56	94

（Bey-Bienko, 1963による）

その結果、これらの生物を取り巻く生物相と食物連鎖が形成され、さらに、田畑の中だけでなく、周辺環境の整備によって、野生生物にいろいろな影響が及びます。たとえばコンクリートの用水路は、ホタル、メダカ、カエルなどにとっては大変すみにくい環境となります。

自然生態系と農耕地生態系の違いを示す例として、処女草原を麦畑（農耕地）にしてから一年後の昆虫相の変化を調べた結果[(1)]があります（表1・1）。これによれば、昆虫の種類数は、処女草原では三四〇種でした。これを麦畑にした翌年には一四二種に減りましたが、一平方メートルあたりの個体数は処女草原の時より二倍近くに増えました。そのうえ、処女草原では四十一種が全数のほぼ半分の五六％を占めていましたが、麦畑ではわずか十九種の昆虫が全体の九四％を占めるようになりました。つまり処女草原のいろいろな植物で育っていた種が極端に減り、ムギを食べて育つ虫が増えたと考えられます。

以上は昆虫の例ですが、微生物も同様に、その作物に寄生するものが優先的に発生し、加えて、農耕地は日あたりがよく肥料分も豊富なので、作物以外の植物も育ちやすくなります。

6　病害虫による被害と農薬

農耕地では、作物を栄養源とする生物（主に病害虫）が優先的に生息し、これらの生物は気象条件が好適になると、しばしば大規模に発生します。このような大発生の記録は昔からあります。たとえば日本の「享保の大飢饉」（一七三二年）では、ウンカの大発生によるイネの減収がありました。コメは七〇％も減収して約二六〇万人（当時の日本の全人口のほぼ一〇％）が食糧不足におちいり、餓死者は十万人とも二十万人とも伝えられています。ヨーロッパでは一八四五年にジャガイモの疫病が蔓延し、とくにアイルランドでは餓死者が百万人にも達する大飢饉となり、百万人が北米をはじめ他国への移住を余儀なくされました。最近の日本では、一九九三年にコメが不作になって、輸入米に頼ったことが記憶に新しいところです。この不作の原因は、異常低温とそれによって誘発されたいもち病の大発生です。これらの事例は作物の栽培が、病害虫に対していかにもろいものであるかを示しています。

作物を食べる虫は収穫を減らすので、私たちはこれらを「害虫」と呼び、作物に寄生して病害を起こす微生物を「病原菌」と呼びます。また作物以外の植物は、作物に太陽光がとどくのをさえぎったり、肥料成分や水を横取りしたり、またそれらの種子が収穫物に混入することがあるので、私たちはこれらの植物を「雑草」と呼んでいます。ただし、ウンカや疫病菌、いもち病菌などに罪があるわけではありません。たまたま人間が作物を栽培した結果、その作物とその栽培環境で生活できる生物が増えただけに過ぎません。しかし、農業によって太陽エネルギーを最大限に利用して、食糧を効率的に収穫しようとすれば、病害虫・雑草の発生を防ぐ必要にせまられます。

図1・2は、全国二十二都道府県の六十九の農家の水田や畑を使って、農薬をまったく使わなかったときと、農薬で防除（慣行栽培）したときの収量と利益（収穫物の市場価格）を、二年間

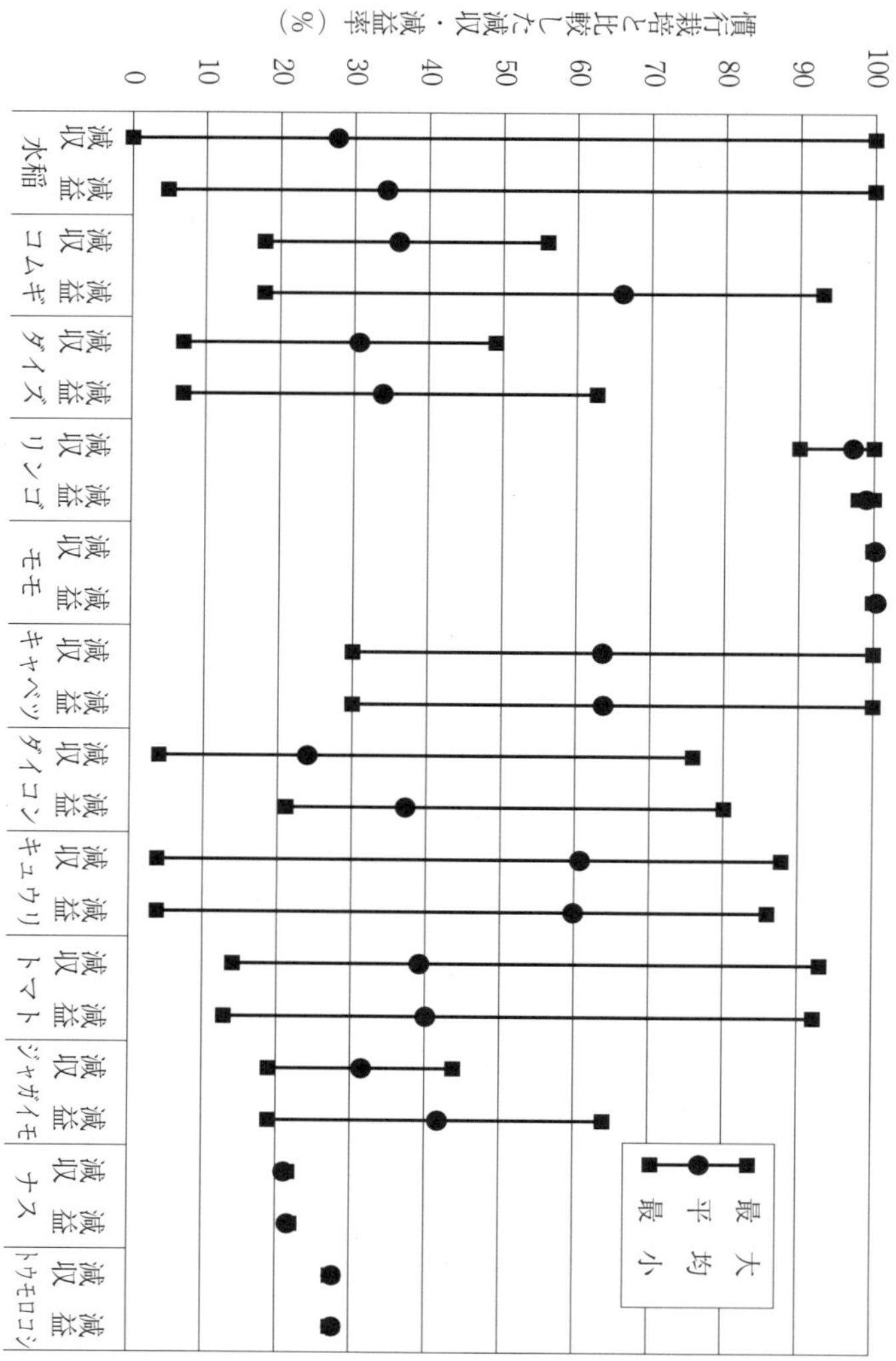

図1.2　農薬を使わないで栽培したときの農産物の減収と減益

（一九九一〜一九九二年）にわたって調べた結果です。(2) 水稲では平均して三〇％前後の減収・減益となりました。防除をしなくても収量が変わらなかった（減収率０％）水田もありましたが、それでも収穫したコメの市場価格は五％減り、品質が低下したことを示しています。野菜では少なくとも収量が五〜二〇％以上、果樹ではほとんど収穫皆無の状況だったことを示していて、病害虫による被害の大きさとともに、農薬の役割がよくわかると思います。

（坂井道彦）

◆引用文献

(1)　湯嶋　健ほか：生態系と農薬、二〇頁、岩波書店（一九七三）
(2)　日本植物防疫協会：農薬を使わないで栽培した場合の病害虫等の被害に関する調査報告、日本植物防疫協会（一九九三）

◆参考文献

中尾佐助：栽培植物と農耕の起源、岩波書店（一九六六）
平野千里：原点からの農薬論―生物たちの視点から、農山漁村文化協会（一九九八）
山口彦之：作物改良に挑む、岩波書店（一九八二）

コラム　†植物の防御物質

防御物質は農薬とよく似た機能をもっています。たとえばフェノール類はさまざまな植物に含まれています。フェノール類にはいろいろな化合物があり、それぞれ昆虫・鳥・哺乳動物・寄生菌に対して防御作用があります。なかには、自分が育ちやすくなるように、他の植物の生長をさまたげる作用（他感作用：アレロパシー）をもつものさえあります。アンズ・スモモ・青梅などの植物は青酸配糖体をたくわえています。この成分は動物体内の酵素作用で青酸ガスに変わり、動物に対して毒性があります。セリ科植物の成分フラノクマリン類は、細菌・カビ・昆虫・魚・哺乳動物に対して致死作用を現し、遺伝子ＤＮＡを傷つけて、がんの原因になることが知られています。キャベツやダイコンなどのアブラナ科植物に含まれるグルコシノレートと呼ばれる一群の成分は、同じ植物体内のある種の酵素で、動物に対して強い刺激性がある物質に変わります。また、ワサビやダイコンではアリルイソチオシアネートができます。人間はこれを辛味として好みますが、本来は野生動物には食べられない成分であり、昆虫に対しては殺虫作用があります。タバコのニコチンにはよく知られているように、人間も含め、動物に対して毒性があります。

第2章　日本の農薬が歩んできた道

日本で有機合成農薬が本格的に使われだしたのは、殺虫剤の一種であるＤＤＴが導入された一九四〇年代といえます。当時の農薬は第二次世界大戦後の食糧難から人々を救いましたが、一方では毒性や環境汚染の問題も引き起こしました。現在の農薬の安全性と防除効果からみると、当時の農薬は隔世の感を抱かせますが、いままでの歴史をたどることは、現在の農薬が防除効果と安全性という面で、いかにすぐれたものに発達してきたかを認識するうえで無意味ではないと思います。以下に、一九七一年の農薬取締法改正までの日本の農薬の歴史をまとめた表2・1を見ながら話をすすめたいと思います。

表2.1　1970年代までの日本での農薬の歴史概要

年	農薬名	種　類	事　項
1732	注油駆除法	殺虫剤	大蔵永常による再発見・普及
1881	除虫菊粉	殺虫剤	輸入開始
1897	ボルドー液*	殺菌剤	初めて使用
1902	青酸ガス	殺虫剤	試験
1907	石灰硫黄合剤	殺虫剤	カイガラムシ試験
1908	ヒ酸鉛	殺虫剤	輸入開始
1910	硫酸ニコチン*	殺虫剤	輸入開始
1912	デリス根	殺虫剤	輸入開始
1919	クロールピクリン*	殺虫剤	合成開始
1922	ウスプルン（水銀剤）	殺菌剤	輸入開始
1938	セレサン（水銀剤）	殺菌剤	輸入開始
1945	DDT	殺虫剤	初めて使用
1946	BHC	殺虫剤	製造・使用開始
1948	2, 4-D*	除草剤	試験
1951	パラチオン	殺虫剤	試験
1952	セレサン石灰	殺菌剤	試験
1953	パラチオン	殺虫剤	特定毒物指定
	PCP	除草剤	魚毒事故
1955	ドリン剤	殺虫剤	魚毒のため使用規制
	CNP	除草剤	開発成功（国産）
	マラチオン*	殺虫剤	製造開始
1956	**ダイアジノン***	殺虫剤	輸入・使用
	メチルブロマイド*	燻蒸剤	使用開始
1957	水銀剤	殺菌剤	残留問題
1959	PCP	除草剤	全国に普及
1961	**フェニトロチオン***	殺虫剤	市販開始（国産）
1962	**R. カーソン『沈黙の春』米国で出版**		
1963	PCP	除草剤	魚介類被害防止通達
1966	**カスガマイシン***	殺菌剤	市販開始（国産）
1967	**カルタップ***	殺虫剤	市販開始（国産）
1969	**BPMC***	殺虫剤	製造開始（国産）
	DDT, BHC	殺虫剤	牛乳、母乳汚染問題 稲作への使用禁止、製造中止
	フサライド*	殺菌剤	市販開始（国産）
1970	水銀剤	殺菌剤	散布用使用登録抹消
1971	DDT	殺虫剤	登録抹消
	BHC	殺虫剤	販売中止
	新農薬取締法施行：慢性毒性資料提出義務付け		
	環境庁発足		
1972	**バリダマイシン***	殺菌剤	市販開始（国産）

＊現在も使われている農薬。太字：安全性を目指して開発された農薬。

1　鯨油——日本最初の農薬

農業を営むようになって以来、人々は農作物の病害虫と雑草に悩まされてきました。古い記録によれば、昔は日本でも外国でも神仏に祈って災害を鎮めようとしていたようです。このような祈禱は、今でもいくつかの地方で神社の虫追い祭りの行事として名残をとどめています。もちろん、祈禱で病害虫を防ぐことはできず、人々は昔からいろいろな手段を考案し、その中から最も効果的な手段として農薬を使うようになりました。

日本最初の農薬による**科学的**な防除は、一七〇〇年代以前から行われていたとされている「注油駆除法」（図2・1）です。これは、ウンカが発生した水田の水面に鯨油を滴下し、その水をほうきでイネにかけてウンカを油まみれにした後、棒などで水面に払い落として殺すという害虫防除法です。この防除法は、その後ナタネ油や石油を利用するようになり、水田の害虫防除にはこれ以外の効果的な防除法がなかったため、一九四〇年頃まで二百年間も続けられました。これは世界の作物保護史でも特筆されるべき技術といえるでしょう。

しなへ竹、はゝきをもて稲葉に付たるむしを払ふ図
水に油をさしている、図
稲葉にのぼりたる虫をはきとる図
油を入おき火をともした、きおとす図
油を入わらはゝきにて水をまぜる図
あぜにて火をたき虫をやく

図2. 1　注油駆除法　大蔵永常『除蝗録』(1826年/文政九年)
(「蝗」は現在はイナゴを意味するが、当時はウンカを意味した)

2　無機化合物と天然物

外国では、十八世紀から十九世紀初め頃には民間伝承的に除虫菊、タバコ、無機ヒ素化合物などが殺虫剤として使われるようになっていたようです。やがてこれらは工業的に製造されるようになり、日本には明治維新後間もなく輸入されるようになりました。当時外国で使われていた農薬は、有機水銀類以外は、ボルドー液、青酸カリ、ヒ酸鉛などの無機化合物と、除虫菊、松脂（まつやに）合剤、硫酸ニコチン、デリスなどの天然物で

した。

その後、一八八一年に日本に初めて輸入された除虫菊は、一八九〇年代には瀬戸内海周辺で栽培されるようになり、輸出するまでになりました。ただ、除虫菊は農作物の害虫防除にはあまり効果がなく、むしろ蚊取り線香や除虫菊粉としてカ、ハエ、ノミなどの家庭害虫の駆除に使われました。

ボルドー液という殺菌剤は、名前のとおりフランスのボルドー地方で一八八二年に初めて使われた銅の殺菌効果を利用した殺菌剤で、現在でも果樹園など一部で使われています。この薬剤は面白いことに、ボルドーのある農家がブドウ泥棒を防ぐため、硫酸銅と石灰を混ぜて作った毒々しい青色の水溶液をブドウの樹に散布しておいたところ、その地域の農業試験場の場長がその樹だけが病気にかかっていないことに気付いたのが、この農薬の始まりとなりました。日本では一八九七年に初めてブドウなどの果樹に使われ、さらにイネのいもち病防除にも使われるなど、当時の代表的な農薬となりました。

青酸カリは、ミカン、リンゴなどの害虫駆除のための「青酸ガスくん蒸」に使われました。樹木に油紙製のテントをかぶせ、長い柄がついたひしゃくを使って、樹の根もとに置いた青酸カリに希塩酸を注いで青酸ガスを発生させ、急いでテントを密閉しておくと果樹に発生した害虫を殺すことができます。青酸ガスは人間に対しても危険なので、現在ではこの方法は行われていませんが、一九五〇年頃までは青酸カリは果樹栽培には欠かせない農薬でした。

ヒ酸鉛などのヒ素化合物は人間に対しても強い毒性がありますが、アオムシや毛虫類防除の特効薬としてごく普通に使われていました。水銀剤も殺菌剤として使われました。なお、有機水銀による悲惨な中毒事故は大きな社会的問題となりましたが、原因物質は農薬として使われたものとは別の成分の有機水銀です。

3　DDT——有機合成農薬時代の始まり

農薬に限らず、私たちが日常使っている資材は、はじめはそれとは関係がなかった分野から波及効果的に生みだされたものが非常に多いようです。有機合成農薬時代の口火を切った有機塩素系殺虫剤のDDTもそうでした。

世界で初めて合成された有機化合物は、一八二八年にドイツのヴェーラーによって成功した尿中の成分である尿素です。無機物から有機物が合成できることがわかると、化学者たちは競って有機物の合成を手がけるようになり、有機化学の時代が始まりました。本来は、動植物の組織にみられる炭素を主成分とする化合物を有機化合物といっていましたが、やがて動植物中の化合物に似た化学構造をもつ、天然には存在しない化合物が合成されるようになり、これらも有機化合物と呼ばれるようになりました。十九世紀後半には石炭から得たガスを使うガス灯が普及し、その廃棄物であるコールタールからフェノール、ベンゼンなどが分離され、これらを原料とした染料や医薬品が開発されて有機化学工業は急速に発展するようになりました。

二十世紀に入って電気が大規模に利用されるようになると、電気分解によって食塩水から大量の苛性ソーダが生産され、せっけん・繊維・紙パルプなどの製造に使われるようになりました。一方、食塩水の電気分解で同時に発生する塩素ガスは、水道水の殺菌や、さらし粉としての使用以外にほとんど用途がありませんでしたが、一九一四年に始まった第一次世界大戦で、毒ガスとして使われるようになり、さらにクロルピクリン、ホスゲンなどの強力な毒ガスの製造原料として使われるようになりました。四年後に戦争が終わり、クロルピクリンは農薬に、ホスゲンは医薬品・染料の原料にと、塩素ガスの平和利用の道が開かれましたが、毒ガス生産のために拡大したソーダ・塩素工業は、塩素の用途をさらに広げることになりました。一九三〇年から四〇年代になると、塩素は石油化学と触媒化学の発達ともあいまって、塩化ビニール、

ＰＣＢ、有機塩素系農薬など、有用な性質をもつ化合物の製造に使われるようになり、これらの需要拡大に伴って化学工業全盛といってもよい物質文明の時代に入りました。

ＤＤＴも塩素の用途拡大の恩恵によって誕生しました。ＤＤＴは、実は塩素とフェノールの利用という当時の有機化学の潮流の中で一八七三年にすでに合成されてはいたものの、とくに用途が見つからずに放置されていた化合物でした。ＤＤＴの殺虫力は一九四〇年初めにスイス・ガイギー社のミュラーによって発見され、マラリア原虫を媒介するカを駆除するための殺虫剤として、初めは第二次世界大戦中に連合軍の前線で、その後は世界各地で使われるようになりマラリア防疫に貢献しました。この功績によってミュラーは一九四八年ノーベル医学生理学賞を授与されています。

ＤＤＴは第二次世界大戦直後の日本でも、ノミ・シラミ・カ・ハエなどの防除に使われました。シラミが媒介する発疹チフスが流行しなかったのもＤＤＴのおかげでした。また、ＤＤＴは各種の農業害虫防除にも広く使われ、それまでの殺虫剤とは比べようがないほどの防除効果を発揮しました。ただし日本では、農業害虫防除には、ＤＤＴより防除できる害虫の範囲が広い、別の塩素系殺虫剤ＢＨＣのほうが多用され、ＢＨＣの有効成分の国内生産も行われました。

そのほか、当時の日本で使われた塩素系農薬としては、土壌害虫防除に使われたエンドリン、デルドリンなどのドリン剤、除草剤2,4-DやPCPなどがありました。

　これら有機化合物の農薬としての有用性をみて、世界中の化学会社はこぞって新しい有機合成農薬を求めて研究にとりかかり、当時としては画期的な新農薬が次々と誕生し、病害虫や雑草の防除に貢献しました。このようなことから、DDTは有機合成農薬時代の先駆けといわれています。

4　食糧増産と農薬

　第二次世界大戦直後、食糧難に直面した日本では、とくにコメの増産が国家的な課題として推進されました。その結果、一九四五年から一九六〇年の間に水田面積は二八〇万ヘクタールから三一〇万ヘクタールに広がり、コメの収量は一〇アールあたり三二〇キログラムから四〇〇キログラムに増えたことによって、食糧事情が改善されました。この収量増には当時のイネの最重要害虫であるニカメイチュウの防除に使われた殺虫剤パラチオンの貢献もありました。ニカメイチュウは、幼虫が茎の中に食い込んでイネを荒らすガの一種ですが、パラチオンは茎の中までしみこんでこの幼虫を殺す力があり、画期的な防除効果を示しました。また、イネの大病害であるいもち病に対しては、一九五〇年頃、酢酸フェニル水銀を石灰と混ぜてイネに散布すると、いもち病の防除に効果が高いことがわかり、この水銀剤も全国の水田で使われました。稲作用除草剤としては、英国で発明された塩素系化合物2,4-DとＰＣＰが導入されました。これら除草剤の効果も画期的なもので、それまで水田の雑草の手取りには一〇アールあたり五〇時間を要していたのが、除草剤によって半分以下の時間に短縮され、農家の炎天下での除草作業がかなり軽減されるようになりました。

そのほか、水田ではＢＨＣがニカメイチュウにならぶ大害虫ウンカの防除のために散布されました。また、ＢＨＣの粒剤を田面に手まきするだけで、イネ茎内のニカメイチュウも防除できることがわかり、ＢＨＣは日本中で使われました。パラチオンは急性毒性が強いため、その散布作業には相当な注意がいりましたが、ＢＨＣ粒剤はそのような心配がなく、農薬散布機なしに簡便に使えることで農家にとって大きな魅力がありました。

5　安全性への注目

前記の農薬が盛んに使われていた頃は、人々は農薬に限らず人工化合物が示す画期的な有用性に注目し、新化合物の開発目標も機能性に重点を置き、人間を含む生物や環境への影響についてはあまり注意を払っていませんでした。しかし、合成農薬時代のさきがけとなったＤＤＴは、次に有機化学全盛に対する警告を発することになりました。

それは、米国のレイチェル・カーソンが、一九六二年に出版した『沈黙の春』の中で、[1] ＤＤＴが環境中に残留し、食物連鎖を通じて野鳥の体内に高濃度で蓄積することを指摘し、化学物質の難分解性と環境への影響について警告を発したことによります。この本の内容は科学的な正確さを欠く部分や、フィクションの部分もありましたが、これが契機となって環境問題の論議が高まり、その結果、化学物質には残留性、蓄積性、慢性毒性などの有害な性質があってはならないとされるようになりました。

米国では環境庁（ＥＰＡ）が設立されて、農薬の安全性の審査・調査を厳しく行うようになりました。日本では、一九五〇年から六〇年にかけて発生した農薬以外の化学物質の毒性問題

（カドミウム中毒・イタイイタイ病・水俣病・サリドマイド奇形・カネミ油症など）もあって、農薬を含む化学物質全般の安全性に対する疑問が一挙に高まりました。農薬については、それまでは急性毒性など比較的簡単な安全性データで農薬が認可されていましたが、一九七一年に農薬取締法が改正され、哺乳動物に対する慢性毒性も調べたうえで、安全と認められた化合物のみが農薬として認可されるようになりました。農薬以外の化学物質についても規制が厳しくなりました。たとえば、ＰＣＢは化学的に安定で絶縁体としてすぐれた性質があるため、世界中で大量に使われていましたが、後になって残留性と毒性があることがわかり、日本では一九七二年に使用が禁止されました。

農薬については、一九五〇年から七〇年代にかけて、安全性についての問題が続出しました。たとえば、ＢＨＣやＤＤＴが稲わらを通じて乳牛に取り込まれ、牛乳、さらに母乳にも検出されるようになりました。また、パラチオンは散布作業中での急性毒性による中毒事故が絶えませんでした。ＰＣＰは除草剤としても、またミヤイリガイのような寄生虫の中間寄主の駆除に有効でしたが、魚毒性も強く、魚への危害が問題となりました。水銀殺菌剤を散布したコメから水銀が検出されたり、水俣病の原因が有機水銀であったことから、水銀剤も問題になりました。これらの事件は、化学物質について、毒性や環境への影響を綿密に調べたうえで使わなければならないという原則を、人々に認識させることになりました。

わが国では、前述したように一九七一年に農薬取締法が改正され、また環境問題に対応するための環境庁（現在の環境省）が設けられ、問題となっていた農薬の使用禁止または制限、その他の農薬の安全性再評価などの処置が取られました。農薬業界もこのような法規制が行われる前から、初期の農薬が抱えていた問題を解決するため、より安全な農薬の研究開発に取り組んできました。その努力が実って、その後、国内外の会社から低毒性で残留性が少ない農薬（表2・1太字のもの）が新しく商品化されています。

以上述べてきましたように、農薬はより安全な化学物質の開発ならびにその安全性を確保するための技術、規制その周辺技術とともに発達してきたといえるでしょう。また、化学工業の世界でも原料を石炭や石油だけに頼らない精密化学といわれる分野が発達し、現在ではその分野は医薬品、農薬などの機能性化学品製造技術の中核となっています。

6　最近の農薬

現在の農薬開発の方向は以下のようにまとめることができます。

① 有効成分の活性が高く、少ない量で防除効果が可能。すなわち、環境中への放出量が少なく、環境への影響がより少ない。表２・２に例示したように、一九七〇年代後半から開発された農薬は、従来（一九七〇年代後半まで）の農薬の十分の一、中には百分の一以下の量で使えるものもある。

② 環境中で分解しやすく、作物・土壌その他環境中での残留性が少ない。

③ 基本的に農薬は慎重に取り扱えば急性毒性が高くても危害を避けることはできるが、最近は急性毒性が低い農薬が多い。定められた使用基準を守って使えば、慢性毒性など残留農薬としての有害性はない（第６章４・３参照）。

④ 農薬を直接取り扱う農家の人々にとってより安全で、かつ施用時の労力が少ない剤型が増えている。

また、農薬の施用法にも進歩がみられます。とくにわが国の稲作での一発処理除草剤の導入、

表2. 2　農薬の散布濃度・施用量

種　類	農薬名	登録年	散布濃度と施用量*
殺虫剤	DDT	1945	0. 05%
	ダイアジノン	1955	0. 04
	MEP	1961	0. 04
	カルタップ	1967	0. 04
	アセフェート	1973	0. 04
	フェンバレレート	1983	0. 01
	エトフェンプロックス	1987	0. 01
	クロルフルアズロン	1988	0. 003
	イミダクロプリド	1992	0. 01
殺菌剤	MAFA（水銀剤）	1950	0. 01%
	TPN	1965	0. 06
	IBP	1967	0. 05
	フサライド	1970	0. 02
	イプロジオン	1979	0. 02
	フルトラニル	1985	0. 01
	フェナリモル	1987	0. 01
	ヘキサコナゾール	1991	0. 003
除草剤	2, 4-D	1964	50g/10a
	CNP	1965	300
	トリフルラリン	1966	110
	ベンチオカルブ	1969	250
	クロメトキシニル	1973	250
	ピラゾレート	1979	180
	グリホサート	1980	200
	ベンスルフロンメチル	1987	6
	ピラゾスルフロンエチル	1989	2

＊数字は有効成分量。殺虫剤と殺菌剤は散布液濃度、除草剤は施用量。散布法により一定でないのでほぼ平均値を示した。

ならびに病害虫防除のための苗箱処理は、イネの病害虫と雑草の防除に大きな貢献をしています。一発剤が導入される前の除草剤は多年生雑草に対する効力が十分でなかったこともあり、二〜三回の施用が行われていました。しかし一九七〇年代末にヒエと多年生雑草に有効で、イネには影響がない薬剤が開発され、通常の雑草発生の条件では一回施用すれば雑草の発生を抑える効果があったので、このような除草剤を「一発剤」と呼ぶようになりました。一九八〇年代後半になって、さらに低薬量で有効な成分が開発され、一発除草剤は現在の日本の稲作に完全に定着し、農家の除草労働時間は一〇アールあたり二時間以下になりました。第4章2節で述べますが、苗箱処理法もイネの初期・中期の病害虫防除に広く普及しています。

（坂井道彦）

◆引用文献

(1)　レイチェル・カーソン（青木簗一訳）：沈黙の春、新潮社（一九六四）

◆参考文献

石井象二郎：害虫との戦い、大日本図書（一九七四）

磯野直秀：化学物質と人間―ＰＣＢの過去・現在・未来、中公新書（一九七七）
大日本農会：農業　平成四年度臨時増刊号：総和における水稲品種の育成と普及および今後の展望（一九九五）
福田秀夫：農薬に対する誤解と偏見、化学工業日報社（二〇〇〇）
病害虫発生予察事業五十周年・植物防疫四十周年記念会：植物防疫の軌跡（一九九一）
松原弘道：日本農薬学史年表、学会出版センター（一九八四）
Mellanby, K: The DDT Story, British Crop Protection Council (1992)

第3章　作物を守るために

1　さまざまな有害生物

作物を加害する生物の種類は非常に多く、またそれぞれが異なった時期に発生してくるので、作物は常に被害にさらされているといえます。たとえば作物の有害生物のリスト[1]を見ると、病害虫と雑草あわせてざっと一二〇〇種が載っています。主な作物について主な病害虫と雑草を表3・1に示しました（第7章7節も参照のこと）。害虫としては、昆虫類が最も一般的ですが、小型のダニ類も害虫となる種類がいます。これら害虫のなかには、海外から侵入した種類も含まれます。線虫類は微小な動物で、主に根に寄生する種が作物の生育を止めます。害虫以外にはノネズミ・イノシシ・ドバト・スズメなども害獣や害鳥となります。微生物としては、バクテリア（細菌）、カビ（糸状菌）およびウイルスが病原体となります。ウイルスの中にはアブラムシ、ウンカなどの吸汁害虫によって媒介されるものもあります。

作物を病害虫や雑草から守ることを「作物保護」（植物保護または植物防疫）といいます。私たちは作物保護のために「防除」を行います。「防除」とは、「予防と駆除」を略した言葉で、発生をあらかじめ少なくするための「予防」と、発生後に被害をあたえる生物を取り除く「駆除」を意味します。

防除の直接の目的は作物への有害生物による損害を軽くすることですが、防除をすることによってさらに農産物生産体系を改善することも可能です。たとえば、水稲を秋口の台風や低温による被害から守るために、早植えをして収穫期を早めるということが行われます。このような早期栽培では害虫の多発期と重なり、被害が大きくなりますが、害虫の防除によってこれを抑えます。早期栽培による早場米の生産ができるようになったのは、害虫の防除によってこそなのです。

表3.1　作物の主な病害虫・雑草

作物	種類	種名または種類名	加害のしかたなど
イネ	害虫	イネミズゾウムシ	田植え後の苗を食害。1976年に確認されたアメリカからの侵入害虫
		イネドロオイムシ	田植え後の苗を食害
		ニカメイチュウ	幼虫が茎に食い込んで荒らす。最近は減少
		ヒメトビウンカ セジロウンカ トビイロウンカ	ウンカ類は汁を吸う。ヒメトビウンカは縞葉枯病ウイルスを伝播。セジロウンカとトビイロウンカは、毎年中国大陸から飛来する
		ツマグロヨコバイ	汁を吸う。萎縮病ウイルスを伝播
		カメムシ類	穂から汁を吸う。斑点米の原因
		イネシンガレセンチュウ	もみに潜み、その後イネの生育を害する
	病害	いもち病	もっとも危険。田植え後収穫期まで発生。多発すると株ごと枯れ、穂にでると収量激減
		紋枯病	水田で越冬。茎から上がって穂まで加害
		立枯病	数種類の菌がある。苗箱で発生
		ウイルス病	縞葉枯病など。ウンカ、ヨコバイが媒介
		種子伝染性病害	いもち病もふくめて数種類。モミに潜伏して発芽後活動してイネを傷める
	雑草	イネ科雑草	タイヌビエなどノビエ類
		カヤツリグサ科雑草	ミズガヤツリなど
		広葉雑草	ヘラオモダカ、オモダカ、クログワイ、セリなど多種
野菜*	害虫	アブラムシ類	種類が多く各種作物に発生。とくに新芽に多く作物の生育を妨げる
		コナジラミ類	施設野菜に発生。幼虫・成虫ともに汁を吸う
		アオムシ、コナガ	キャベツ、ダイコンなどアブラナ科野菜に発生、葉を食べる
		ヨトウムシ類	数種類があり、各種野菜に発生。夜間活動性で葉や芯を食べ、トマト、ピーマンなどの実に潜入する種もある。
		アザミウマ（スリップス）類	小さいが葉や果実の表面をなめるようにして食痕を残す
		線虫類	微小なうじ虫状の動物。根に寄生して加害
		ダニ類	微小だが、多数発生して葉を枯らす
	病害**	青枯病	ナス、トマトのバクテリア病。収穫期に発病して枯れる
		べと病	ウリ科・アブラナ科野菜、ホウレンソウ、ネギなどに発生、激しいときは葉が枯れる
		黒腐病	ハクサイ、キャベツに発生、葉の変色、ついには結球不良を招く
		腐敗病	レタスの葉が黄変・褐変、腐敗する
		根こぶ病	ハクサイ、キャベツの根に発生、地上部の生育がおとろえて結球しなくなる

（表3. 1つづき）

作物	種類	種名または種類名	加害のしかたなど
		炭疽病	キュウリ、メロンなどのウリ類に発生、葉、茎、実が犯される
		かいよう病	トマトに発生、全体が犯されて実の着色不良、奇形を起こし、ついには枯死する
		軟腐病	ダイコン、ハクサイ、レタスの葉が茶色になり、ついには腐って悪臭を放つ
		うどんこ病	ナス、トマト、キュウリ、ニンジンなどの主に葉が粉をふいたようになり、枯れる
		灰色かび病	ナス、トマト、キュウリ、レタスに発生、全体が犯されるが、とくに実が落ちるなど被害が大きい
		ウイルス病	トマト、ピーマン、キュウリ、ダイコン、ハクサイ、レタス、ホウレンソウなどを犯す多数の種がある
果樹*	害虫	アブラムシ類	種類が多く各種作物に発生。とくに新芽に多く作物の生育を妨げる。ウイルス病を伝播する種もある
		アザミウマ類	小さいが葉や果実の表面をなめるようにして食痕を残す
		シンクイムシ類	新芽や果実に食い入り加害する
		ハマキムシ類	新しい葉を糸でつづり、葉を食べて果樹の生育を妨げる
		カイガラムシ類	からをかぶった成虫は一カ所に定着したまま吸汁する
		ダニ類	微小だが多数発生し、葉や果実を傷める
	病害	かいよう病	ミカン類の葉や果実にコルク化した病斑を作る
		斑点落葉病	リンゴの葉と果実に発生、早期落葉を起こし、実にはかさぶた状病斑を作る
		黒斑病	ナシの葉、花、枝、果実に発生、芽、枝の生長が妨げられ、果実が割れたり落ちたりする
		黒星病	ナシ、リンゴ、モモなどの葉、枝、果実に発生。早期落葉、果実の亀裂、着色異常など収量低下となる
		うどんこ病	リンゴ、ナシ、モモ、カキ、ブドウなど広い範囲の果樹の葉に発生して葉の発育が害される

＊野菜と果樹栽培で雑草となる植物は多種のため省略した。

＊＊病名は同じでも病原菌の種がちがうものがある。

2　防除の種類

防除の種類は、大きく分けると次の四つがあります（第7章1節も参照のこと）。

(1)　化学的防除

化学物質を使う防除で、殺虫剤・殺菌剤・除草剤・殺鼠剤などがあります。現在使われている資材はほとんど有機合成化合物ですが、天然物も使われます。そのほか害虫防除のための合成フェロモン剤もあります。

(2)　物理的防除

物理的防除としてはリンゴやナシの袋かけ、雑草の発生を防ぐための作物の根もとを覆うプラスチックシート、水田の鳥追いテープやネット、モグラ防ぎの風車などがあります。また、作物の根もとを銀色のプラスチックシートで覆い、反射する紫外線でアブラムシの発生を減らしたり、温室内で発生する小型の害虫を誘引する色付き（多くは黄色）の粘着テープが使われたりしています。

誘殺灯（または誘蛾灯）は夜行性の昆虫が紫外線に引き付けられる性質を利用したものです。

一方、果実の汁を吸うガやカメムシの類は黄色光を嫌うので、果樹園を守るために黄色蛍光灯が使われています。また、イネの種子に潜む種子伝染性の病害を防除するために、種モミを一定時間やや高温の水にひたしてから冷水にもどす温湯浸漬法は、温度を利用した物理的防除法です。そのほか、害虫や雑草を手で取るのも物理的防除法といえます。

(3)　耕種的防除

栽培する作物の品種や栽培法を選ぶことで有害生物の発生を抑えることができます。病害虫抵抗性（耐性ともいう）品種はいろいろな作物で育成されていますが、現状では抵抗性品種で防除できる病害虫の種類は必ずしも多くないので、抵抗性品種は限られた作物で、一部の病害虫に対しての利用にとどまっています。これらのうち、イネのいもち病抵抗性は、この病害が重要なこともあって以前から研究され、抵抗性品種が広く栽培されています。しかし、抵抗性品種に寄生する新しい系統のいもち菌が発生して抵抗性が崩壊することがあるので、異なった系統のいもち菌に対するそれぞれの抵抗性遺伝子を同時に入れた品種を育種して栽培することも行われています。

栽培法としては、たとえば稲作では窒素肥料の投下量を削減し、さらにイネの植物体組織を硬くして病原菌の侵入を防ぐためにケイ酸質肥料を施す方法もあります。また、病害虫の発生時期と作物の栽培時期をずらす栽培管理法もあります。農耕地周辺の草むらの除草は、病害虫や雑草の発生源を減らすので、耕種的防除といえます。

(4) 生物的防除

日本では、果樹の害虫の天敵（主に小型のハチ）を導入して成功した事例がいくつかあります。最近は、温室野菜に発生するアブラムシやコナジラミを捕食する天敵生物が「生物農薬」として商品化されていますが、これら天敵生物は温室のような閉鎖環境でないと十分に働きません（第7章1・1も参照のこと）。また、植物には無害で、病原菌に対抗して増殖し、病害を抑える微生物（拮抗菌）も開発されています。有機農法で取り上げられるアイガモによる雑草防除も生物的防除です。なお、天敵生物がすみ着きやすいように環境を管理することは、生物的防除と耕種的防除の両面を兼ね備えています。

3 農薬の利点と欠点

以上の方法のうち、作物保護のために最も広く行われているものは、前節(1)の農薬を使う化学的防除です。他の防除法は、防除の一環として有効であっても、対応できる有害生物の種類が限られ、また気象・地勢・作物の生育段階・他の有害生物の発生状況などによって有効性あるいは適用性が左右されやすいため、それのみで十分な防除を行うことはできません。

農薬が他の防除法よりも一般的に使われるのは以下の利点があるからです。

①　防除効果が早く的確にあらわれる。

②　有効成分と製剤の種類が豊富で、ほとんどの病害虫・雑草の種類に対応して品目を選ぶことができる。また、一種類の製品で数種以上の有害生物を防除できるものが多い。

③　施用できる時期の幅がひろく、有害生物の発生に応じて最も被害を少なくできるような時期を選んで施用することができる。

④　使用方法が簡単。

⑤　大量生産されており、品質が均一。入手が容易で一般的に安価。

⑥　保存ができる。

農薬には以上のように利点がありますが、不用意に使った場合はいくつかの問題を引き起こす可能性があります。

①　天敵や防除対象でない生物が減って生態系が単純化し、有害生物の発生密度がより高く

なる。

② 有害生物に農薬抵抗性が生じて、農薬が効かなくなる。

③ 被害が多かった有害生物が減ることによって、それまで問題にならなかった生物が増えて有害生物化する。

④ 急性毒性や残留により、人間や防除の対象でない野生生物などに危害が及ぶ。

①の問題は、害虫の天敵が殺虫剤によって死滅して害虫が増えるなどの、リサージェンス（復活）という現象です。すべての薬剤でいつも起こる問題ではありませんが、これを防ぐにはリサージェンスを起こしにくい薬剤、あるいは天敵に影響が少ない薬剤を使う、薬剤処理の時期を調整する、天敵を保護できる環境を設営することなどの対策がとられるようになってきています。

②については、同じ農薬を使い続けると、防除しようとする病害虫や雑草に、その農薬が効かない個体が増えてくる現象です。その原因は農薬に対して強い個体、つまり抵抗性をもった個体が生き残り、薬剤処理がくり返されるうちに、より抵抗性が強い個体が増えてくるからです。抵抗性の発達程度は、農薬の種類と有害生物の種類によって異なります。一般的に世代のくり返しが早い生物は、抵抗性の発達が速い傾向があります。薬剤抵抗性の発達は農薬の宿命

ともいえますが、発達の速さや程度は農薬の種類によってかなり違います。また、抵抗性が発達した有害生物に対しては、それまでとは異なった系統の薬剤が有効です。したがって、抵抗性の発達を抑えるための対策としては、抵抗性がでやすい農薬を避け、化学的系統が違う化合物を交互に使うようにします。

③の問題は、それぞれの農薬はある限られた範囲の有害生物にしか防除効果がないため、その農薬から生き残った、それまで問題にならなかった生物が増えてくるということです。この場合は、新たに問題となった有害生物に効く農薬を使うことで防除が可能です。

④の、野生生物などへの危害については、以下に例を示すように、最近の農薬では問題はあまり大きくないと考えられます。水田での調査例では、農薬散布前後の水田周辺の用水路の水中農薬濃度を分析し、また魚類などの水生動物の密度を調べた結果、農薬の濃度は〇・一～一ppbの範囲で、生物に対する影響は考えられず、実際に生物の生息数にも変化は認められませんでした。(2) また、ダイズ畑に殺虫剤を散布して、寄生性天敵と捕食性天敵の密度を調べた結果では、薬剤の種類によって天敵の密度への影響が異なり、薬剤の種類を選べば天敵への影響が少ないということがわかりました。(3)

上記以外にも、環境生物に影響が少ない薬剤を選び、また環境への農薬の流出を防ぐ手段をとることによって、危害を回避できそうだとする試験・調査結果が多いことから、天敵や野生生物の問題への対応は可能と考えられます。なお、人間に対する安全性についての論議は第6章を参照していただきたいと思います。

農薬を使うときに大切なことは、有害生物を最も効果的に防除できる時期（防除適期）に農薬を使うことです。このことは、薬剤抵抗性の発達を避け、環境に対する影響を少なくし、さらには栽培農家の経済的負担を軽くすることにもつながります。そのためには、次節に述べるように、発生予察に基づく適期防除、さらに農薬散布以外の防除法も組み合わせた防除体系（本章5節　総合防除を参照）が重要になってきます。

4　発生予察、被害解析、要防除水準

農薬散布を的確に行って有害生物を防除するためには、発生の時期と量、被害の程度を予測すること、すなわち「発生予察」が必要になります。それとともに、有害生物の発生密度と被害との関係を調べる「被害解析」も必要です。日本ではすでに一九三一年から国の事業として

発生予察が制度化され、主な農業病害虫について各都道府県で一定の基準と方法に従って発生予察が行われています。

害虫と病原菌の発生量と時期を本格的に予測するために、病害虫の発生動向を調査するとともに、各生物の生態・発育・繁殖について調べ、それに影響する気象要因などを研究し、さらに気象の予測もあわせて解析が行われています。最近ではインターネットも含めた各種の手段で、かなりきめ細かい発生予察情報が流されているので、農家は常時、病害虫の発生状況、防除の適期、防除のための農薬の種類を知ることができるようになりました。

予察情報を生かして病害虫を適期に防除するためには、防除を必要とする病害虫の発生程度を知らなければなりません。そのため、現在では「要防除水準」が設定されています。要防除水準を設定するときには、まず収穫物の被害がどこまで許されるかを検討する必要があります。原則的には、病害虫の発生を低く抑えて収穫物が多ければ農家の粗利益は増えますが、そのための防除費が増えると、そのぶん純益は減ります。したがって、収穫物の販売額と防除費の差が最大になるような病害虫発生密度があるはずで、これを「経済的防除水準」といいます。しかし、この水準は被害がでた時点での発生密度であり、実際には被害がでるよりもかなり前に防除をしなければなりません。そこで実際の田畑で、作付けの初期から病害虫の発生密度を調べて被害と初期発生との関係を明らかにし、経済的防除水準を超えないようにするためには、どの程度の発生時点で防除しなければならないかを研究して要防除水準を設定します。

現在、要防除水準は各種の作物の病害虫について設定されています。農家は日ごろから作物を観察して、もし病害虫が要防除水準に至っていれば、その時点が防除適期ということになり、農薬を散布する必要があります。有害生物の発生のしかたはそれぞれの地域の気象条件、作物の栽培時期、生育段階などによって異なるので、要防除水準は地域ごとに設定されています。ごく一部ですが要防除水準の例を表３・２に示します。なお、雑草も作物に被害がでる限界密度が当然あるはずですが、通常雑草は必ず生えてくるので、特に水準は設けず、必要に応じて除草するということで対応するのが普通です。たとえば、水田では田植え後、イネが繁茂する前の雑草の発生を抑える必要があります。したがって、田植え後一〜二週間のうちに除草剤を散布するのが一般的な水田雑草防除の方法として定着しています。

発生予察および要防除水準によって、農家は適期に防除をすることができるようになり、無駄な農薬散布を省くことができるようになりました。このような技術は、環境への影響を軽減することにもなるので、次節で述べる総合防除技術の一環としても重要です。

表3. 2　稲作の要防除水準（例）

病害虫	地　域	調査時期	調査内容	要防除水準
紋枯病	新　潟	7月上旬(穂ばらみ期)	発生株率	8％
		7月中旬(出穂直前)		10％
		7月下旬～8月上旬（出穂～穂揃い期）		20％
	兵　庫	穂ばらみ期	発病茎率	15～20％
イネミズゾウムシ	秋　田	6月下旬まで	虫　数	1株あたり0. 3頭
	兵　庫	移植後	被害葉率	90％
イネドロオイムシ	新　潟	6月上中旬	卵塊数	1株あたり0. 5個
		6月下旬	被害葉率	20％
	兵　庫	5月中下旬	成虫数	10株あたり1頭
トビイロウンカ	福　岡	7月下旬～8月上旬	虫　数	100株あたり20頭
		8月中下旬		100株あたり100頭
セジロウンカ	鹿児島	7月下旬～8月上旬	虫　数	1株あたり15頭
	新　潟	7月下旬	虫　数	20回振り50頭*
斑点米カメムシ	福　岡	穂ばらみ期	虫　数	100株あたり1～5頭
	千　葉	穂揃い期	虫　数	20回振り成虫2頭*
		出穂15日後	虫　数	20回振り幼虫6頭*
	鳥　取	穂ばらみ期	虫　数	50回振り4頭*
イネツトムシ	福　井	発生初期	虫　数	1 m^2 あたり4. 4頭

＊捕虫網を振り、捕らえた虫数。

5　総合防除

一九六五年のFAO（国連食糧農業機関）シンポジウムで、スミスおよびレイノルズが「いくつかの適切な防除技術を使用して、経済的被害がでるレベル（経済的防除水準）以下に有害生物の発生密度を抑え、そのうえその低い密度を保つように有害生物を管理するべきである」と提唱したのが「総合防除」という考え方の発端となりました。初めは農業害虫についての提案でしたが、その後作物の病原菌や雑草、さらに衛生害虫などについてもこの概念があてはめられるようになりました。現在では、「有害生物総合管理（IPM：Integrated Pest Management）」という言い方が定着しています。

ここで「総合」というのは、農薬だけに頼るのではなく、有害生物（Pest）の被害を抑えるために、農薬以外の方法も組み入れる（Integrate）ことを意味します。また、「防除」は英語ではコントロール（Control：制御）といいますが、これだと有害生物を「取り除く」というニュアンスが強く、被害がでない程度なら生かしておいたほうがよいという考えに沿って、「Management：管理」という言葉が使われています。なお、作物栽培では有害生物管理以外の事項も環境への影響が少ないように行う必要があるとして、「総合作物管理」（ＩＣＭ：Integrated Crop Management）という言葉も使われます。

ＩＰＭの目的は、農薬の使用をなるべく控えて、他の防除手段を取り入れ、有害生物を被害が問題にならない程度の密度で残すようにし、それによって天敵や防除の対象にならない生物を保護して農耕地の食物連鎖を保ち、有害生物の発生を常時低い水準に抑えながら環境保全を図る、というものです。したがってＩＰＭは、地球環境の持続性と生物の多様性、あるいは持続可能な農業を目指す、環境倫理にも見合う技術として期待されます。

生物の発生はさまざまな要因に支配されているので、病害虫と天敵、その他の生物の発生を管理するのはたやすいことではありません。第8章表8・2に示すように、さまざまな対応が必要です。そして、いったん病害虫の発生が要防除水準を超えたときには農薬に頼らざるをえないこともあります。日本では発生予察や被害解析はかなり以前から実施され、近年は要防除水準による防除が各種の作物で行われていますが、今後はさらにＩＰＭが普及するよう期待したいと思います。

また、農業とは異なりますが、屋内の有害生物防除においても、薬剤以外の資材を使って家屋や食品、環境中への化学物質の逸散を抑えるための技術がＩＰＭとして普及しつつあります。ハエ・カ・ゴキブリ・ネズミなどの防除では、従来は防除剤を予防的に使用していましたが、現在はトラップ（わな）などを使って生息密度を調査し、必要な時だけ薬剤を使うようにし、またハエなど飛翔性の害虫の防除には紫外線誘殺灯を使うなど、薬剤施用以外の方法もとられるようになってきています。

（坂井道彦）

◆引用文献

(1) 日本植物防疫協会：日本有用植物病害虫名彙、日本植物防疫協会（一九六八）
(2) 本山直樹：水田とその周辺環境における農薬の生体影響の実態、第十七回報農会シンポジウム・植物保護ハイビジョン—二〇〇二（講演要旨）、一頁、報農会（二〇〇二）
(3) 高木　豊：農薬による環境生物への影響、シンポジウム・農産物の安全と環境負荷を考える（講演要旨）、一一三頁、日本植物防疫協会（二〇〇三）

◆参考文献

桐谷圭治・中筋房夫：害虫とたたかう—防除から管理へ、日本放送協会（一九七七）
根本　久：天敵利用と害虫管理、農文協（一九九五）

コラム　†フェロモン

動物が体外に分泌・放出して、同じ種の中でお互いの通信に使っている物質をフェロモンといいます。ガやコガネムシの成虫はメスが空気中に放出する性フェロモンに、オスが誘引されて交尾をします。アリやハチは一匹がほかの動物に攻撃されると、警報フェロモンを分泌して仲間に危険を知らせ、集団は警戒体制をとります。アブラムシも異常を感じた個体が放出する警報フェロモンで仲間は危険を知らされて寄生している植物から落ちたり分散したりします。アリやシロアリは餌を発見すると、餌のある場所から巣までに道しるべフェロモンをつけるので、仲間はそれをたどって餌に導かれます。カメムシ、ドクガの幼虫、ゴキブリなど集団で生活する種類は、集合フェロモンでお互いが引きつけられて集団になり、そのほうが単独で生活するより発育がよくなることが知られています。そのほか、サクランボに寄生するハエの一種やアズキゾウムシのメスが、幼虫の餌になる実または豆に産卵するときに塗りつける分泌物は、幼虫の密度が過剰にならないようにその後のメスの産卵を抑える働きがあり、密度調節フェロモンと呼ばれています。

昆虫のフェロモンは、種ごとに成分が違うか、あるいは同じ成分でも二、三種類の成分の割合が異なっていて、ほかの種には働きません。

現在、いろいろなフェロモン物質を人工的に合成することができるようになっており、合成性フェロモンを使ってオスを捕殺し、その数から害虫の発生消長を調査することができます。また、ガやコガネムシの発生密度を減らすため、オスを大量に捕獲してメスとの交尾の機会を減らす「大量誘殺法」や、フェロモンを作物周辺の空気中に漂わせて、オスがメスを見つけることができないようにする「交信かく乱法」が実際に行われています。

第4章　農薬とはどういうものか

ここまで「農薬」という言葉を何回も使ってきましたが、はたして農薬とは一体何なのでしょうか。「農薬取締法」という法律では、農薬とは次のようなものであるとしており、本書ではこの定義に従うことにします。

「農作物（樹木及び農林産物を含む。以下「農作物等」という）を害する菌、線虫、だに、ねずみ、その他の動植物又はウイルス（以下「病害虫」と総称する）の防除に用いられる殺菌剤、殺虫剤、その他の薬剤（その薬剤を原料又は材料として使用した資材で、当該防除に用いられるもののうち政令で定めるものを含む）及び農作物等の生理機能の増進又は抑制に用いられる成長促進剤、発芽抑制剤、その他の薬剤をいう。防除のために利用される天敵は、この法律の適用については、これを農薬とみなす」

つまり、農薬とは農作物の有害生物を防除するための薬剤のことです。前記の法律には雑草および除草剤という言葉が見当たりませんが、「その他の動植物」の中に雑草も含まれると解釈できます。また、公園・ゴルフ場・庭の樹木・芝生・草花、さらに林業の対象となる野生の樹木なども作物とみなして、これらに使う薬剤は農薬として扱われています。

一方、衛生害虫の駆除や家畜の病気、害虫の防除に使う薬剤は農薬とは別の基準で登録されている製品ですが、農薬と同じ有効成分が使われているものがあるので、農薬と混同しないよう注意が必要です。

現在、日本で農薬の有効成分として使われている化合物は約五五〇種類あります。これらの化合物は工業的に生産され、これを「工業用原体（または単に原体）」といいます。原体は普通微量の不純物を含んでおり、本章2・1項で述べるように、農薬は原体のまま使うのではなく、いろいろな剤型に製剤して使われています。現在、日本で流通している農薬製剤の種類は約五千種あります。このように数が多いのは、同じ原体でも用途別に異なった剤型があること、二種類以上の原体を含む混合剤があること、また同じ内容の製品でも複数の会社が商品としているためです。

1　農薬の使い道と種類

農薬を用途別に分けると表4・1のようになります。農薬はそれぞれの有効成分によって防除できる生物の種類が多かれ少なかれ限られているので、多種類の有害生物を防除するために、各種の有効成分が利用されています。

化学農薬の大部分は合成化合物ですが、日本では微生物が作る抗生物質が、農薬としてイネのいもち病や紋枯病の防除に広く使われています。このような農薬は、人間や動物の疾病にはまったく効かず、抗生物質というより天然物殺菌剤といったほうがふさわしいかもしれません。

除草剤は有効成分の種類によって防除できる植物の種類が異なります。作物には作用しないで雑草を枯殺できるものを選択性除草剤、すべての植物に作用するものを非選択性除草剤と呼んでいます。また、使える時期によって出芽前処理剤と出芽後処理剤とに分けることもあります。一方、イネ科雑草と広葉雑草とで殺草力が違う有効成分も多く、水田では、ヒエなどのイネ科雑草と他の広葉雑草を同時に防除できるように、異なった殺草効果をもつ有効成分を混合

表4. 1　農薬の用途別分類

用　　途	農薬としての名称
害虫防除	殺虫剤 殺ダニ剤 殺線虫剤 フェロモン剤 生物農薬（捕食性・寄生性小動物、寄生微生物）
害獣防除	殺鼠剤など
病害防除	殺菌剤 生物農薬（拮抗微生物）
雑草防除	除草剤
虫害と病害の同時防除	殺虫殺菌剤（混合剤の１種）
作物の成長調節	植物成長調節剤

した製剤が使われています。

また、害虫に対して捕食性または寄生性のあるハチやダニ、微生物、病害菌に拮抗して病害を抑える働きをする微生物などを人工的に増殖し、商品化したものが病害虫防除に利用されています。これらは作物上に放たれたり、散布されたりして農薬のように使われるので、このような生物剤を生物農薬と呼んでいます。

植物成長調節剤は、作物の生育を促進または抑制するための薬剤です。多くの場合ホルモンに似た作用、あるいは植物のホルモン抑制作用があり、枝葉の伸長を制御したり、着花や着果を促進あるいは抑制するために使われます。

2　農薬の剤型と施用方法

2.1　剤　型

農薬は、作物に対して処理しやすく、また有効成分の効力が十分にでるように、有効成分の原体に添加物を加えていろいろな形に製剤されています。剤型の種類としては表4・2のようなものがあります。農薬は、有効成分の安全性が改善されてきているだけでなく、剤型についても安全性と省力性の面での改良が進んでいます。

(1)　粉　剤

主に粘土の粉で原体を希釈して作られています。散布が容易で主に水田病害虫の防除に使われます。現在は粉の粒子をやや大きくして周辺への飛散（ドリフト）を少なくしたDL（ドリフトレス）粉剤が使われていますが、飛散を完全には抑えきれないので、粉剤の使用量は年々減る傾向にあります。

(2)　粒　剤

表4. 2　農薬の剤型

種　　類	特徴・用途など
粉　剤	粉状製剤で散粉機で散布。飛散を抑えた DL 粉剤が主体
粒　剤	粘土などで作った粒径が0. 3〜1. 5mm 程度の粒。水田除草や畑地の土表、土中に処理して病害虫雑草の防除に使う
乳　剤	原体を高濃度に有機溶媒に溶かし、界面活性剤を加えた製剤。水でうすめると乳濁液となり、これを散布する
EW 剤*	原体を水溶性ポリマーで被覆して水に分散させた製剤。有機溶剤を含まないので引火性がない
液　剤	原体の高濃度水溶液。水でうすめて散布
水溶剤	水溶性の有効成分を水溶性の粉末と混合した製剤。水に溶かして使う
水和剤	鉱物質の粉で原体を増量し、界面活性剤を加えた粉末。水を加えて散布液とする
フロアブル剤*	原体を水中に高濃度に懸濁分散。水でうすめて散布。引火性がなく、また粉末が飛ばないので安全
顆粒水和剤・水溶剤*	水和剤や水溶剤の粉が飛び散らないように顆粒状にした剤型
錠　剤*	水和剤、水溶剤を扱いやすいように固形化したもの。表面被覆で取り扱い上の安全性を高くしたものもある
ジャンボ剤*	50g くらいの錠剤で、水田に投入すると崩壊して有効成分が水田中に拡散する
マイクロカプセル剤*	高分子膜で原体を包んだ微小粒子となっていて、有効成分がゆっくりと溶け出すので残効性がある
水面展開剤（サーフ剤）*	フロアブル剤の 1 種。拡散剤が加えられていて、水田にあぜから注ぐだけで全面を処理できる
パック剤*	水溶性の膜で水中拡散性をもつ粒剤などを包装した剤型。包装のまま水田水中に投入できる
水溶性包装剤*	水和剤を水溶性膜で包装。散布液調製時の計量が不要、また粉立ちを防止
くん（燻）煙剤	有効成分を加熱してガスまたは微粒子にして放散させる製剤。温室などで使う

＊印の製剤は最近開発された製剤。

粘土を有効成分と練り合わせて作られます。有効成分は粒剤から溶出して防除効果を発揮します。粒剤は施用時にも環境中に逸散しにくく、取り扱いやすい剤型です。最近では水田用に、一〇アールあたりの施用量が一キログラム（従来は三〜四キログラム）の粒剤が普及して、防除作業が省力化できるようになっています。

(3)　乳剤、水和剤および水溶剤

これらの製剤は水でうすめて散布液として使います。噴霧器で散布すれば葉の裏側にも付着しやすいので、農薬を作物にまんべんなく施用するためには好適です。しかし、水に希釈するときの計量がめんどうなこと、乳剤は有機溶媒を含むため引火性や皮膚への付着、水和剤は粉立ちによって作業者が吸入するおそれがあるなどの問題があり、取り扱いが簡単ではない面があります。

(4)　新しい製剤

農薬を安全かつ容易に使えるように、製剤にもさまざまな工夫がされてきています。表4・2で＊印がついたものがいわゆる新型製剤です。これらの中には、ジャンボ剤・水面展開剤・パック剤・水溶性包装剤のように、とくに水田での農薬処理の省力化を図った剤型がありま す。これらの剤型は、作業の安全性を高めるとともに、兼業農家や高齢化した農業就労者の農作業時間短縮と省力化に対応して開発された製剤といえます。

2.2　施用方法

(1)　作物地上部への散布

粉剤や水で希釈した乳剤、水和剤などは散布機で作物の地上部に散布されます。散布機としては人力で操作する小型のものから、エンジンで動く大型のものまでさまざまなものがあります。水田では粉剤の吐出口が並んだ、長さ三十メートルくらいのプラスチックの筒に、機械力で粉剤を流し込んで散布するパイプダスターが使われています。

果樹園や野菜畑では液散布が普通ですが、果樹園では果樹の高い個所まで散布できるスピードスプレーヤー、畑地では十メートル以上の幅で散布できるブームスプレーヤーなど大型の散布機が使われます。水田でも、最近は田植え機のトラクターに装着して、広い幅で散布できる装置が普及しつつあります。

日本では農薬の航空散布にはヘリコプターが使われています。有人機のほか、最近では広域でなくても散布ができるラジオコントロール機が普及してきました。なお、航空散布では、少ない搭載量で広面積の散布ができるように、有効成分濃度が高い航空散布専用の製剤を希釈せずに散布する、**濃厚少量散布**が一般的に行われています。

これらの散布法では、農薬が農耕地以外に飛散（ドリフト）して汚染を起こしやすいという問題があります。最近はこの問題に対応するため、散布機の圧力や風量を調節したり、あるいは散布ノズルの種類を選んで、飛散を極力抑える方策がとられるようになりました。

(2)　土壌と田面水への施用

作物の地下部を加害する病害虫に対しては、作物の植え付け前や生育中に粒剤（ときには粉剤）を土壌に混和して防除します。畑地の雑草に対しては、粒剤を地表面に散布すれば有効成分が溶け出して殺草作用が現れます。また、畑に苗を定植するときの植え穴に、**浸透性**（植物の根部から浸透して全体に移行する）がある農薬を処理すれば、地上部の病害虫を防除することができます。殺虫剤を土中に施用した場合は、一般的に茎葉散布より天敵などへの影響が少ないといえます。

水稲では粒剤を田面に散布して、病害虫や雑草を防除することはごく一般的に行われています。この場合も、地上部の病害虫を防除するためには、浸透性農薬を使う必要があります。粒剤の施用も最近では散粒機が使われるようになり、ときには航空散布で施用されることもあります。水面施用では粒剤のほか前項で述べたような省力型の新しいタイプの製剤が、小面積の水田を中心に普及しつつあります。

水稲の栽培では、肥料は田植え前に元肥を水田全面に施しますが、最近は田植え機に装着した装置で、田植えと同時に粒状またはペースト状の肥料をイネのうね間の土壌中に施す方法（側条施肥）が広まってきています。殺虫剤や殺菌剤の中には、この肥料と同時に施用するとかなり長期間にわたって防除効果があるものがあります。

(3)　苗箱処理（箱施薬）

水稲の機械移植は、田植えの省力化という面で大きな貢献をしてきましたが、農薬を育苗箱に処理して病害虫を防除する、いわゆる苗箱処理もきわめてすぐれた技術といえます。

水稲を手植えしていた時代には、水田全体に農薬を散布しなければなりませんでしたが、現在では苗箱中に農薬を処理することによって、本田の初・中期の病害虫まで防除できるようになってきました。苗に有害な微生物、また土壌伝染性の本田の病害は苗箱の土に殺菌剤を処理して防ぐことができます。

また、移植の前日あるいは直前に苗箱の土表面に殺虫剤や殺菌剤の粒剤を施用して移植すると、粒剤が苗の根の周辺に埋め込まれ、その後、有効成分が地上部に移行して病害虫防除効果が現れます。本田移植後問題になる各種の病害虫に対して、少なくとも移植後一ヵ月は防除効果があります。病害虫の発生が予測されなくても薬剤処理をするというのは好ましくないとの批判がなきにしもあらずですが、苗箱処理は常発性の病害虫を対象にしており、本田散布の労力がかからず、単位面積あたりの農薬投下量を水田全面散布の三分の一から四分の一に減らすことができます。さらに地上部にすんでいる天敵への影響と、大気と水を通しての外部への逸散も格段に少なくすることができます。現在、薬剤の有効期間がさらに長くなるように、有効成分がゆっくりと溶けだす苗箱処理用の遅溶出性粒剤も開発されています。

(4)　その他の施用法

イネでは発芽期から生育期にわたって加害する病原菌や線虫が種モミに潜んでいることが多いので、種モミを殺菌剤の溶液に一定時間浸漬する種子消毒が一般的に行われています。また、畑作物の発芽時の病害を防ぐため、種子の表面に農薬を付着させる種子コーティングという方法もあります。

苗床などの土壌を消毒するためには、ガス化する化合物も使われます。これらのうちメチルブロマイド（臭化メチル）は、各種の根菜の土壌病害虫防除に高い効果がありますが、オゾン層破壊のおそれがあるため、国際的な合意のもとで、二〇〇五年から使用できないことになっています。代替技術がかなり開発されてきてはいますが、土壌病害虫防除の効力や経費の面で問題が残りそうです。

3　新農薬の研究開発

農薬の開発研究は、合成化学・分析化学・工業化学・生物効果試験・安全性試験が相互に結びつきながら進められる総合ライフサイエンスといっていいでしょう（図４・１）。そしてさらに、市場調査をすることも、開発候補化合物の妥当性を検討するために必要です。

農薬や医薬品は生物の生理生化学系のなんらかの部位に働いて作用する生理活性物質の一つです。その作用を引き起こす部位を「作用点」といいます。農薬が有害生物の作用点に働いて生理生化学系を乱して致死作用を現すためには、まず鍵が鍵穴に合うように、農薬の分子構造が作用点の分子に入り込むような形であることが必要です（第5章1節を参照）。

新農薬の開発研究は、作用点の鍵穴に入りそうな化合物を見つけだすことから始まります。近年では、作用点の分子構造が次第に明らかになってきましたが、そこに入り込める化合物の

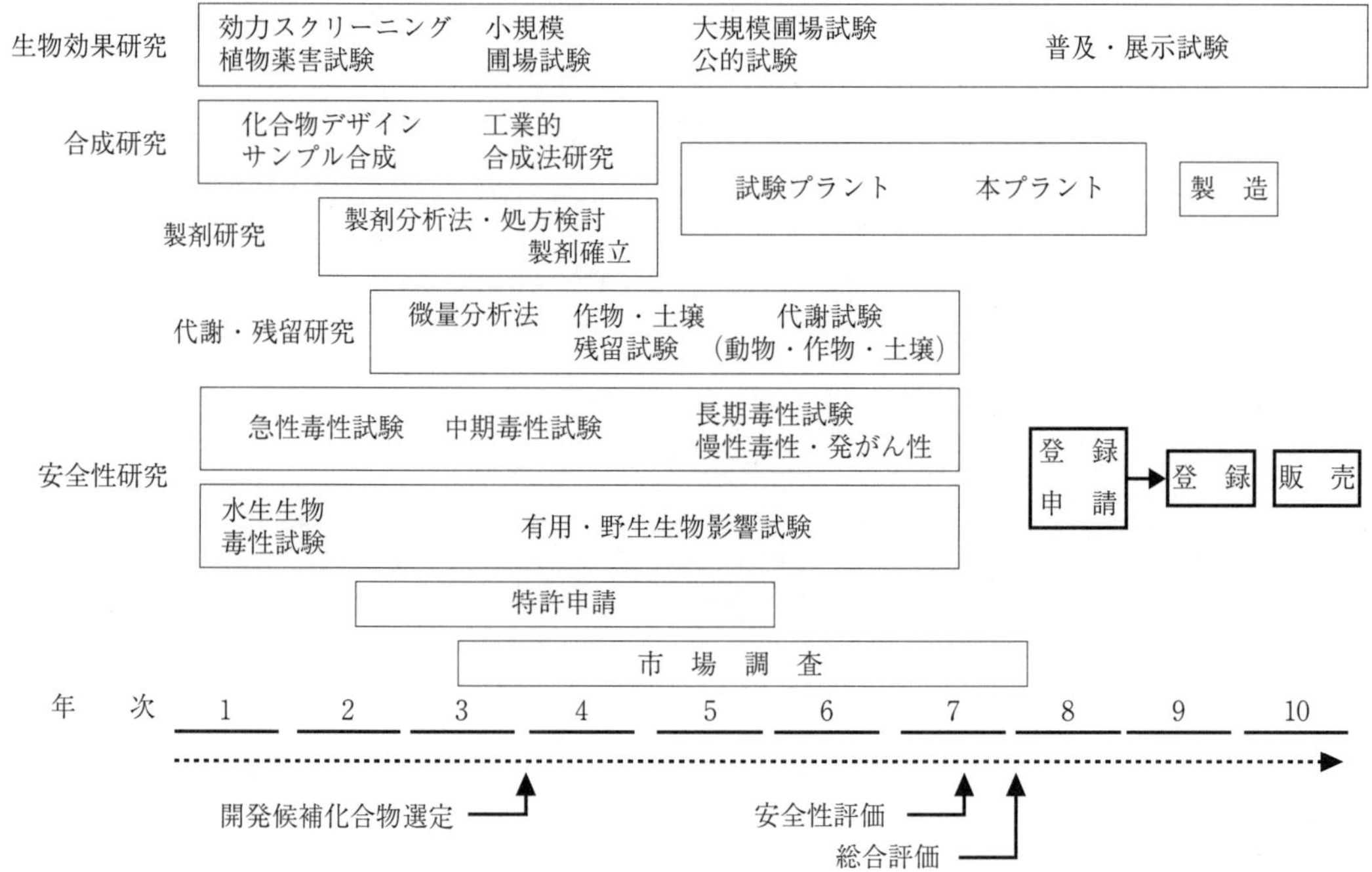
生物効果研究
効力スクリーニング
植物薬害試験
小規模
圃場試験
大規模圃場試験
公的試験
普及・展示試験
合成研究
化合物デザイン
サンプル合成
工業的
合成法研究
試験プラント
本プラント
製　造
製剤研究
製剤分析法・処方検討
製剤確立
代謝・残留研究
微量分析法
作物・土壌
残留試験
代謝試験
（動物・作物・土壌）
安全性研究
急性毒性試験
中期毒性試験
長期毒性試験
慢性毒性・発がん性
水生生物
毒性試験
有用・野生生物影響試験
登　録
申　請
登　録
販　売
特許申請
市　場　調　査
年　次
1
2
3
4
5
6
7
8
9
10
開発候補化合物選定
安全性評価
総合評価

図4. 1　新農薬研究開発の流れ

化学構造をピタリと割りだすことはまだできません。研究の初段階では、活性が期待できそうな化合物について、害虫や病害菌あるいは雑草に作用するかどうかを試験し、その中から作用があるものを選びだします。この段階を第一次スクリーニング（選抜：ふるいにかけるという意味）試験といいます。

ここで試験される化合物としてはいろいろなものがあります。手に入るあらゆる化合物を全部試験するのも一つの方法ですが、このような方法では有用な化合物を見つける確立は非常に低いと考えられます。したがって、すでに農薬として使われている化合物や活性がある天然物など、作用が知られている化合物の化学構造を、さらに改変・合成して試験することも行われます。先端的な方法としては、作用点の分子構造や得られた試験結果から、化合物の化学構造と活性の関係を基に、コンピュータを使ってデザインした化合物を試験します。また、試験管内で培養した細胞や、酵素に対する化合物の作用性を見ることも行われます。

一方、生物効果試験の効率を高めるには、代表的な有害生物を年間を通して確保し、試験しなければなりません。それらの害虫や病原菌、あるいは雑草を大量にそろえておくためには、それなりの施設と技術が必要で、大量飼育・培養・栽培方法の専門書があるほどです。

この段階でもう一つ重要なのは、生物に対する作用性を見る観察力です。殺虫剤、殺菌剤、除草剤という言葉どおり、農薬は有害生物を「殺す」ものには違いありませんが、その場ですぐに殺さなくても防除の目的は達成できるはずです。ですから、第一次試験の方法も大事な鍵を握っています。たとえば、試験管中の培養菌には作用がなかったけれど、イネの上では効果のあることが発見されて開発につながった殺菌剤、それまで知られていなかった症状で死んでいく虫の姿を見て創製された殺虫剤など、独創的な試験法と観察眼で成功した例は案外と多いのです。有効な化学構造をデザインするためには、化学合成担当者と生物試験担当者との緊密な連携とともに、研究者の創造性や直感など、理屈ではないものも必要なようです。

第一次試験で選抜された化合物は、さらに実用性についてもある程度判断できるような第二次スクリーニング試験にかけられ、有望な化合物を選抜し、同時に哺乳動物に対する急性毒性や変異原性、さらに生物体や環境中での残留性について調べ、問題があればふるい落とされます。合成化学研究では、製造コストが妥当な範囲になるかどうかも検討しなければなりません。また、新規化合物については、その合成法や用途の特許を取ることも必要です。

研究のはじめの段階では、実験室や温室の中で限られた範囲の生物について試験するのが普通ですが、候補となった化合物については、さらに最適と考えられる剤型で、実際に問題となる生物に対する防除効果を野外で試験する必要があります。その効力試験の結果をにらみながら、長期毒性試験などの安全性評価試験（第６章）を実施するかどうかも決めていきます。また、その候補化合物を市販した場合の販売規模の予測や工業的製造法、製造コストなどを勘案して、製品として売り出せるかどうかを決めなければなりません。

このようにして最終的に選ばれた有効成分化合物とその製剤を、必要な資料をそえて農林水産省に登録申請します。以上の一連の過程に要する期間は普通十年、また経費は新農薬一つに百億円以上といわれています。ただし、これは第一次スクリーニング試験で作用がある化合物が選抜されて以降のものですから、それ以前の化学構造を模索する期間を入れれば、農薬創製にはもっと長期間、また、さらに高額のコストがかかっているということになります。

新農薬開発研究の過程は、いってみれば試行錯誤の連続です。第一次試験にかけた化合物のほとんどは、ふるい落とされます。また、安全性の面でわずかでも問題が見つかればその化合物の開発は中止されます。そのほか数多くの関門をくぐらなければ農薬として実用化には至らないのです。現在では、第一次試験にかけた化合物から新農薬が誕生する確立は数万分の一といわれているほど、新農薬の創製造研究と開発は容易なものではないのです。

（坂井道彦）

◆参考文献

井倉勝弥太（監修）：主要農薬の開発経緯と展望、シーエムシー出版（一九九七）
松中昭一：新農薬学、ソフトサイエンス社（一九九八）
山下恭平・水谷純也・藤田稔夫・丸茂晋吾・江藤守総・高橋信孝：新版農薬の科学、文永堂出版（一九九六）

第5章　農薬の作用機構
——どのようにして病害虫・雑草に効くのか

生理活性物質が生物に働く仕組みを「作用機構」（または「作用機作」）といいます。作用機構を解明することは、その農薬の作用の仕方をよりよく理解して使用法の改良に役立てるだけでなく、安全性についての理解を助ける情報を得ることにもなります。作用機構はすべての農薬について解明されているわけではありませんが、ここではわかっている範囲で作用機構について説明します。

1　作用点到達までの経路

農薬は生物の体内に取り込まれたあと、作用点に到達して作用を発揮しますが、一部は分解

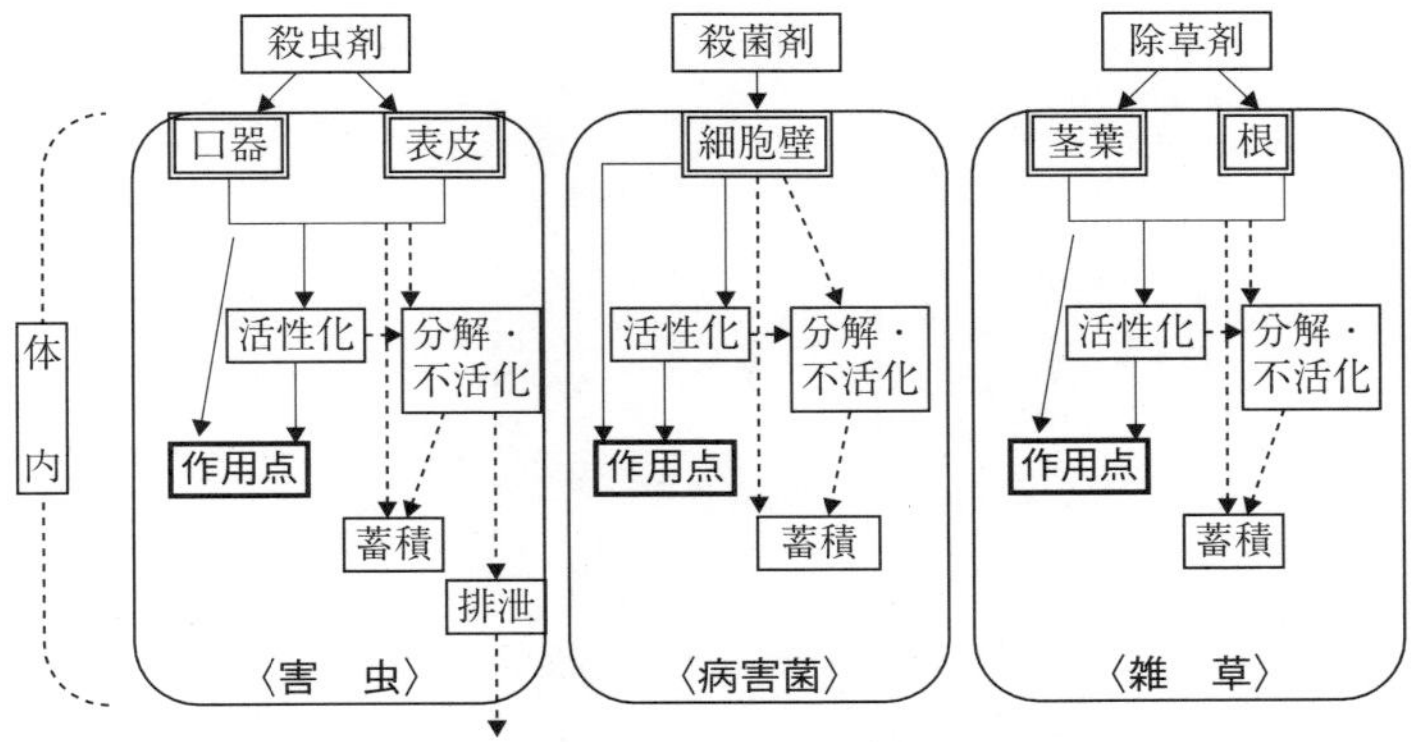

図5. 1　農薬の病害虫・雑草での作用点到達と不活性化の経路（模式図）（矢印：実線は作用する経路、点線は作用を失う経路）

または蓄積されてその作用を失います。図5・1はその経路の概略です。害虫の場合は、殺虫剤の体内への入り口は、表皮と口器があります。微生物の場合は細胞の表面（細胞壁）、雑草の場合は葉、茎、根などの表面から入り込みます。取り込まれた農薬は、作用点に直接働く場合と、「活性化」（そのままの分子構造では作用点には働かず、生物体内の酵素などによって活性がある分子構造に変わる）されて作用点に働く場合とがあります。

農薬と生物の作用点の分子構造はそれぞれ鍵と鍵穴の関係であるといいましたが（第4章）、生物体内で生命を保つために必要とする物質と作用点の関係が本来の鍵と鍵穴の関係です（図5・2）。農薬の分子は、全体または一部がその

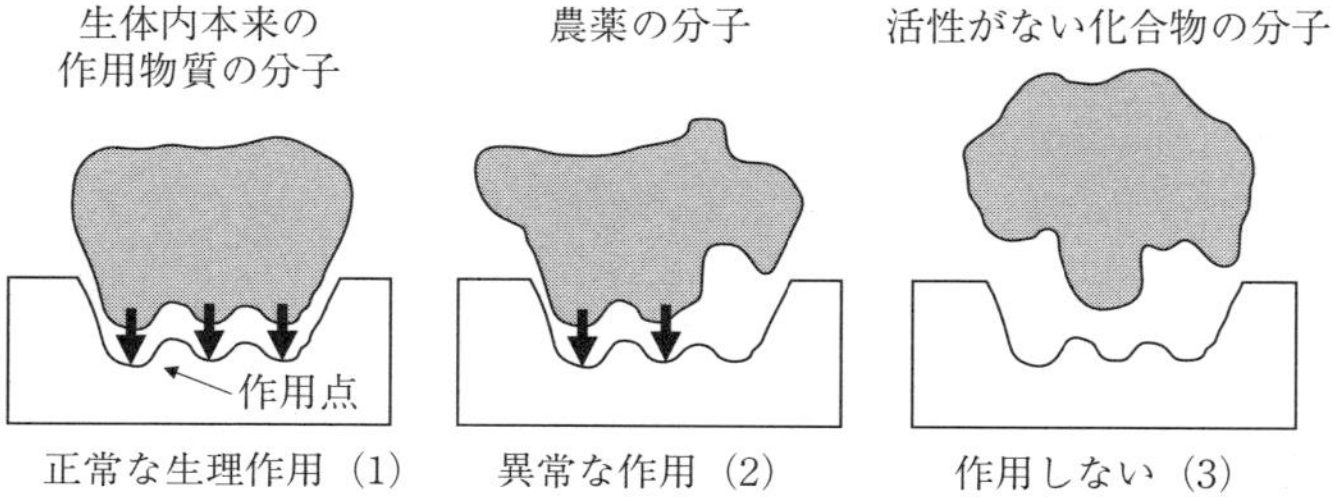

(1) 生体内で本来作用している物質は、作用点に結合して正常な生理作用を呼び起こす
(2) 農薬は生体内物質と分子構造が違うが、作用点に結合できる。その結果正常な生理作用が乱される
(3) 分子構造が作用点に合わなければ活性はない

図5. 2　農薬分子の作用点への結合

体内物質とよく似た形をしていて、作用点全体あるいはその一部に結合して生体内物質と類似の作用を及ぼすのです。さらに農薬の分子は生体内物質と違って作用点に結合すると離れにくく、また分解されにくいため、生体内物質本来の働きが大きく乱され、生体機能が異常になります。

一方、生物体内に取り込まれた農薬分子の一部は酵素作用などで分解されて不活化される場合と、蓄積されて体内に残る場合があります。昆虫など動物の場合は、体外に排せつされる経路もあります。

2　殺虫剤の作用機構

2.1　神経系の仕組み

殺虫剤には昆虫の神経系の特定の部位を作用点とするものが多くあります。中枢神経は、ヒトなどの哺乳動物では脳と脊髄ですが、昆虫では腹側に頭から縦に尾部までのびている神経索が中枢神経です。しかし神経信号の伝達の仕組みは哺乳動物など他の動物とほとんど同じです。神経系の働きを簡単にいえば、眼、耳、皮膚などの感覚器官や体内器官で受け取られた情報は一種の電気信号として中枢神経に伝えられ、中枢神経はこれらの情報を統合して、生体が適切な状態になるような信号を、筋肉や内臓器官に送り届けます（図5・3）。

神経系を構成する細胞であるニューロンは、細胞体とそこからのびている軸索から成っています。神経信号は以下に述べるような電気信号として軸索の先端方向に伝わっていきます。すなわち、軸索の細胞膜内外の電位差が信号となり、神経が静止状態にあるときはニューロンの細胞膜外のナトリウムイオンNa^{+}の濃度が内側より高く、内側は外側より電位が低く（マイナス

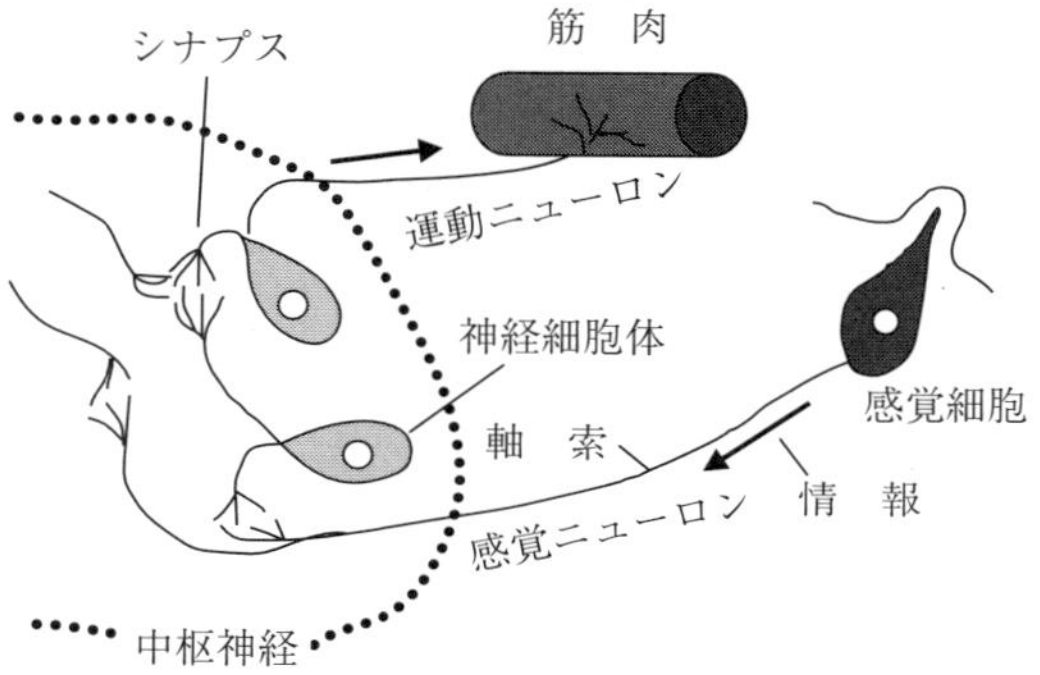

図5. 3　神経系の仕組み

に）保たれています。神経が活動するとき（興奮状態）は、膜は部分的にNa^+を通しやすくなって内側にNa^+が流れ込み、内側の電位がプラスとなります。そのため、隣り合った静止部位との間に局所電流が流れ、それが刺激となって静止部位のイオン透過性が変化して興奮状態となります。いったん興奮した膜はすぐには静止状態に戻らないため、一方向にだけ興奮部分すなわち電位差（膜の内側がプラス）が信号となって軸索を伝わっていきます。興奮状態となった膜は、Na^+を膜外へ汲みだす機構が働いてふたたび静止状態に戻ります。

　軸索の先は他のニューロンに接していて、ニューロンは互いに複雑につながりあっています。このつながっている部分にはわずかな間隙があり、この部分をシナプスといいます。前方の軸索の末端に神経信号が伝わってくると、その末端から刺激伝達物質（以下、伝達物質）が放

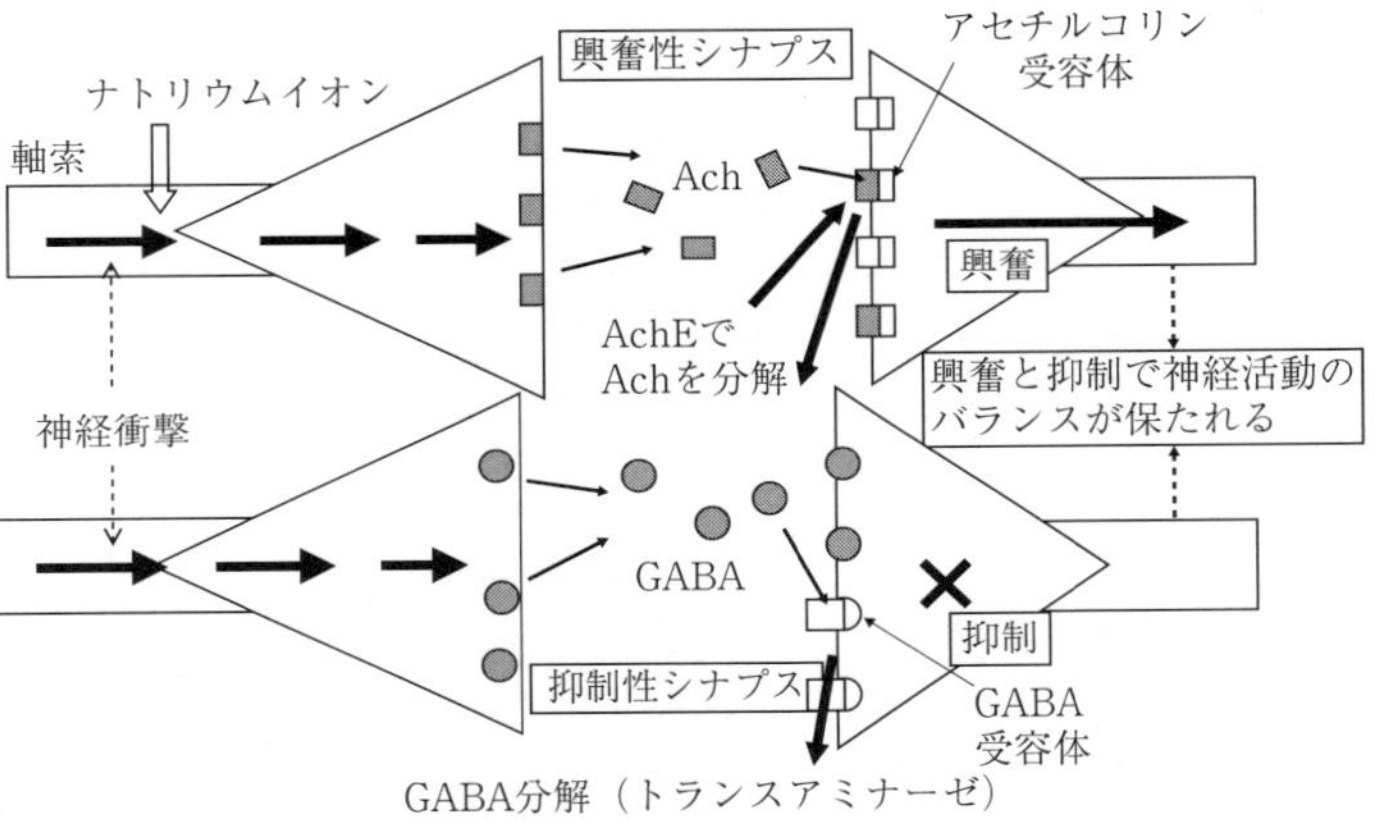

図5. 4　神経シナプス伝達（模式図）
Ach：アセチルコリン
AchE：アセチルコリンエステラーゼ
GABA：ガンマアミノ酪酸

たれ、この物質が次のニューロンに働き、あらたに神経信号が発生します。伝達物質が放たれる側がシナプス前膜、伝達物質が作用する側がシナプス後膜ですが、シナプス後膜には伝達物質が作用する場所、すなわち伝達物質受容体があります。伝達物質が受容体に結合することによって次のニューロンに神経信号が発生します（図5・4）。また、軸索の先端と筋肉繊維との間にも間隙があり、ここを神経筋接合部位といいます。ここでは刺激伝達物質が放出されると筋肉繊維の収縮が起こります。

伝達物質としてよく知られているのはアセチルコリン（以下Ach）です。AchがAch受容体に結合すると、次のニューロンが興奮して信号が伝達され、ほとんど同時にAchはアセチルコリンエステラーゼ（以下AchE）という酵素で分解されてその働きを失います。Achは脊椎動物では中枢神経以外に神経筋接合部位でも働いています。しかし、昆虫の脚や羽の運動筋肉ではAchではなくグルタミン酸が伝達物質となっています。グルタミン酸は哺乳動物では脳で働いており、これは脊椎動物と節足動物の神経系の違いの一つです。なお、神経の興奮に関係するシナプスを**興奮性シナプス**といいます。

以上の二種類の伝達物質と違って、ガンマアミノ酪酸（GABA）という伝達物質は興奮を抑える作用をもっています。GABAがその受容体に結合すると、神経の信号伝達が抑えられます。このようなシナプスは**抑制性シナプス**と呼ばれます。神経系が正常に働くためには、興奮性と抑制性の二種のシナプスが重要な役割を果たしています。

2.2　シナプスで作用する殺虫剤

(1)　AchE阻害

有機リン系およびカーバメート系の殺虫剤はAchE分子に結合してそのAch分解作用を阻害する

ため、Achがシナプスに溜まってしまいます。そのため、神経興奮が異常に強く長時間にわたって引き起こされるので、虫は異常に興奮した状態となって死んでしまいます。

(2)　興奮性シナプス後膜への結合

Ach受容体に結合して、本来の刺激伝達物質であるAchの作用をさえぎる殺虫剤として、ネライストトキシン系やネオニコチノイド系が知られています。殺虫剤分子はAch受容体をふさいだまま分解されずにAch類似の作用を長時間及ぼすため、神経信号が伝わらなくなって虫は死んでしまいます。殺虫剤スピノサドの有効成分は、ある種の微生物が生産する化合物ですが、これもAch受容体を活性化して異常興奮を引き起こすことにより殺虫力を現します。

(3)　抑制性シナプス阻害

このシナプスが働かなくなると、神経系の興奮と抑制のバランスがくずれて虫は正常に行動できなくなります。フィプロニルという殺虫剤は抑制性受容体に結合してＧＡＢＡの作用を抑えますが、興奮性シナプスはそのままなので、虫は神経の調節機能を失い、ついには死ぬことになります。

2.3　軸索膜に作用する殺虫剤

ピレスロイド系殺虫剤はNa^+透過性を長時間増大させるので、虫は異常興奮状態となり、やがて麻痺状態となって死んでしまいます。初期の殺虫剤であるＤＤＴや、除虫菊の成分ピレトリンもこれと同じ作用をもっています。

2.4　ホルモン系に作用する殺虫剤

昆虫の発育にはホルモンが重要な役割を担っています。ガや甲虫などは卵からかえったあと幼虫、さなぎ、そして成虫へ、またバッタやゴキブリは、さなぎを経ないで幼虫から成虫へ育ちます。昆虫はこの間何回か脱皮をくり返して成長していきます。この過程には幼若ホルモンと脱皮ホルモンの二種のホルモンが関係しています。

幼若ホルモンは幼虫の姿を保つために必要で、幼虫からさなぎ、あるいは成虫になるときは幼若ホルモンの分泌が止まります。昆虫の外皮は、硬い組織（主にキチン質）から成っているので、成長すると新しい外皮を作らなければなりません。成長に伴って外皮の大きさが足りなくなると脱皮ホルモンが分泌されて新しい外皮を作る代謝機構が働き、古い外皮は脱皮によって脱ぎすてられます。これらのホルモンは虫の発育にとって必要なときだけ分泌され、役目が終われば体内の酵素によって分解されて虫はバランスよく成長します。しかしホルモンの類似作用をもつ殺虫剤は、本来ホルモンを必要としない時期にホルモン作用を及ぼし、また分解されにくいため、虫の成長や脱皮が乱されてしまいます。このようなホルモン系や表皮形成の機構に働く殺虫剤としては以下のものが知られています。

① 幼若ホルモン類似作用：フェノキシカルブやピリプロキシフェンは幼若ホルモン作用を異常に高めて虫を殺します。

② 脱皮ホルモン類似作用：テブフェノジド、シロマジンに触れた虫は異常脱皮を起こし死にます。

③ キチン質の生合成阻害：ブプロフェジンやベンゾイルフェニル尿素系の殺虫剤は、キチン質の生合成を阻害して虫の成長を乱し、殺します。

3　殺菌剤の作用機構

カビ（糸状菌）やバクテリアには内臓や神経系がないとはいえ、基本的には高等生物と同様に細胞内にさまざまな遺伝子と代謝系をもっていますが、殺菌剤はこれらの生理生化学系を乱して殺菌効果をもたらします。また、殺菌剤の中には、菌に対しては直接の作用を現さず、植物（作物）本体とともにあってはじめて効果を示すものがあります。これらのうちのいくつかは、作物自身がもつ病害抵抗性物質生成の代謝機構が働くように作用して、その結果として防除効果を現すと考えられています。

(1)　呼吸系の阻害

生化学では、生物が酸素を取り入れ二酸化炭素（炭酸ガス）を放出する一連の代謝過程のことを「呼吸」といいます。生物はこの代謝過程で酸化還元反応を行ってエネルギーを得ています。この過程では酸化還元酵素によって電子の受け渡し（電子伝達）が一定の順序で進行していきます。細胞内に多数みられる微小顆粒のミトコンドリア内では、呼吸に関連する酵素系が存在しています。ここでは何種類かのチトクロームという物質が電子伝達に重要な役割を果たしていますが、アゾキシストロビンなどのメトキシアクリレート系殺菌剤はチトクローム b とチトクローム C1 の間の電子伝達を阻害します。この殺菌剤は、ある種のキノコがもっている抗菌性物質ストロビルリンAの化学構造にヒントを得て開発されたものです。このキノコは他の微生物から身を守るためにこのような物質を作っていると考えられます。

フルトラニル、ペンシクロンなどのカルボキシアニリド系の殺菌効果も同様の作用機構によることがわかっています。つまり、これらの殺菌剤は病害菌を窒息させてしまうのです。

(2)　エルゴステロール合成の阻害

エルゴステロールは、カビ類の細胞膜で膜の強度・透過性・膜にある酵素の働きにとって必要な物質です。シイタケなどのキノコ類にも含まれていて、紫外線によってビタミンDに変わります。エルゴステロール生合成阻害剤と呼ばれる一連の殺菌剤には、植物病原菌だけでなく、水虫にも効く医薬品としての製品もあります。

(3)　メラニン生合成の阻害

いもち菌の胞子は葉の表面から付着器をのばしてイネ体内に侵入します。このときに付着器にかかる強い圧力に耐えるため、いもち菌は付着器の壁の補強材として色素の一種であるメラニン（動物のメラニンとは異なる）を作ります。フサライド、トリシクラゾールなどのいもち防除剤は、このメラニン生合成に関係する酵素を阻害し、菌の侵入を止めることがわかっています。メラニンは菌がイネに侵入するときだけ作られるので、これらの薬剤はイネがない状態では、いもち菌に対する効果はありません。

(4)　抵抗性誘導

プロベナゾールというイネいもち病の殺菌剤も菌に直接の殺菌効果がなく、イネに散布してはじめて効果が現れます。これは、イネ自身がもつ、細胞壁を硬くするリグニンや殺菌作用をもつスーパーオキシドを生成するホルモン系が、プロベナゾールによって励起されるためと考えられています。これ以外にも抵抗性を誘導する二、三の殺菌剤がありますが、それらは殺菌剤というより、病害抵抗性誘導剤といえるでしょう。

(5)　ＲＮＡ合成の阻害

タンパク質はアミノ酸から作られており、タンパク質の種類ごとにアミノ酸の配列が決まっています。タンパク質が作られる過程で、アミノ酸が各タンパク質特有の配列に並ぶためには、転移ＲＮＡやメッセンジャーＲＮＡが重要な役割を果たします。これらのＲＮＡが作られるとき、ＲＮＡポリメラーゼという酵素が働きます。フェニルアミド系の殺菌剤メタラキシルやオキサジキシルはこの酵素作用を阻害して殺菌効果を現します。

(6)　タンパク質合成阻害

農業用抗生物質であるカスガマイシンやストレプトマイシンは(5)で述べたタンパク質合成の過程で、転移RNA-アミノ酸複合体とメッセンジャーRNAとの結合を阻害します。また、クロラムフェニコールはタンパク質が作られるときのアミノ酸どうしの結合を阻害するとされています。

(7)　細胞分裂の阻害

細胞内にある微小管と呼ばれる繊維状の構造体は、いろいろなタンパク質と結合して細胞の骨格を作ったり、細胞分裂などの動的過程に関係するなど多様な機能をもっています。ベンゾイミダゾール系の殺菌剤は、有糸核分裂に関係する微小管タンパク質に結合して核分裂を阻害することがわかっています。

(8)　SH酵素の阻害

酵素にはさまざまな種類がありますが、硫黄（S）と水素（H）でできたSH基（スルフヒドリル基）をもつSH酵素と呼ばれるものが多くあります。酵素作用は、まず分解する物質や生合成の材料となる物質の分子に結合するところから始まりますが、そのときSH基は結合末端としての役割をもっています。有機硫黄系（マンネブなど）や有機塩素系（キャプタン、TPNなど）

はＳＨ基と反応して酵素の働きを抑えることによって殺菌効力を示します。

４　除　草　剤

植物は形だけでなく、生存に必要な物質や体内で作る物質、ならびにそれらを利用する仕組みが動物とはかなり異なっています。大部分の除草剤は、これら植物特有の機能を乱すことによって除草効果を示します。したがってほとんどの除草剤は、動物に対する毒性は低いのが普通です。

(1)　光合成の阻害

光合成は植物特有の代謝系です。植物はクロロフィル（葉緑素）で光を吸収し、二酸化炭素（炭酸ガス）と水を使ってデンプンなどの炭水化物を作りだし、同時に酸素を放出します。光合成は明反応とそれに次ぐ暗反応との二つのステップがあります。明反応では光エネルギーによって、植物が利用するエネルギー源としてのＡＴＰ（アデノシン三リン酸）という物質と、炭水化物生成に必要なＮＡＤＰＨ（還元型ニコチンアミドアデニンジヌクレオチドリン酸）という物質が作られます。次いで暗反応ではATPとNADPHを使って二酸化炭素から炭水化物が作られます。この反応過程のどこかが止まってしまうと、植物は食べ物である炭水化物が欠乏するため枯死してしまいます。

光合成の過程に作用する除草剤の種類は多く、葉緑素の生合成を阻害するもの（ジフェニルエーテル系、ダイアゾール系）と、明反応に作用するもの（トリアジン系、尿素系、一部のカーバメート系）とがあります。

(2) 光合成過程での活性酸素発生の誘導

酸素分子は十六個の電子をもっていますが、低い酸化還元電位やある種の色素存在下で電子を一個受け取って、化学反応を起こしやすく、生物体には一般的に有害な活性酸素になります。植物体内でも少量の活性酸素ができますが、植物はこれを除去する仕組みがあるので害はありません。除草剤のパラコートは、樹木以外のたいていの植物を枯らす非選択性除草剤で、この殺草作用は活性酸素の発生によるものです。光合成の明反応ででてくる電子がパラコート分子を経て普通の酸素を急速に、また大量の活性酸素に変えるため、植物が枯死します。また、光合成阻害の項で述べたジフェニルエーテル系除草剤は、葉緑素にある酵素の一種を阻害し、その結果蓄積したプロトポルフィリンⅣという色素が、光と反応して普通の酸素を活性酸素に変え、これによって植物の細胞が破壊されます。このような作用機構のため、これらの除草剤の殺虫作用は光がなければ発揮されません。

(3)　植物ホルモン作用のかく乱

植物ではオーキシンと呼ばれるホルモンが細胞壁の透過性を調節しています。フェノキシ系の除草剤は、オーキシンとよく似たホルモン作用をもち、しかも作用が強く植物体内では分解されにくいため、植物の細胞壁の弛緩、吸水、細胞の伸長に異常を引き起こして植物を枯らします。

(4)　アミノ酸・タンパク質生合成の阻害

植物は有機物を直接取り込むことはできず、取り込んだ無機物から自身でアミノ酸を合成しなければならないので、必要なアミノ酸のいずれかを合成できなくなれば、タンパク質も作れなくなり、生きていけません。現在、稲作でよく使われているスルホニル尿素系除草剤は、必須アミノ酸であるバリン、ロイシンおよびイソロイシンの生合成に必要なアセトラクテート合成酵素を阻害します。その結果、植物はこれらのアミノ酸が欠乏して枯死します。またグリホサートなどのアミノ酸系除草剤は、必須アミノ酸のトリプトファンやフェニルアラニンの合成に必要な合成酵素を阻害して植物を枯らします。

5　選　択　性（選択毒性）

同じ物質が、ある生物に対しては強く作用し、他の生物に対しては作用が弱いとき、その物質の作用には「選択性」があるといいます。毒性に差がある場合は「選択毒性」といいます。

先に述べたように、初期の農薬の中には、たとえばパラチオンのように、殺虫力が強いために人間に対する急性毒性も強い「非選択性」の農薬がありました。その後、毒性が低い選択性農薬を作るため、選択毒性の仕組みについての研究と、その結果をふまえた低毒性農薬の開発研究が盛んになりました。現在一般的に使われている農薬は、有害生物と人間との間に選択性があります。また、多くの農薬は防除できる有害生物の範囲がそれぞれ限られているので、このような場合は効力に選択性があるといえます。

選択性の機構については、今のところ十分明らかになっていない農薬が多いのですが、研究の結果からみると、多くの場合体内での代謝分解、作用点への作用力および作用点の有無が選択性に関係する主な要因であるといえます。

5.1 殺虫剤の選択性

神経系に作用する殺虫剤は、害虫以外の生物の神経系にも同じように作用するのではないかと思われがちです。しかし、現在使われている殺虫剤の哺乳動物に対する毒性は強いものではありません。それは、多くの場合哺乳動物では、体内に入った殺虫成分が肝臓にある酸化酵素系によって、毒性が弱められ、排せつされやすい化合物に代謝されたり、グルタチオンという物質と結合し、無毒化されて排せつされたりするからです。一方、昆虫ではこのような解毒の仕組みがないため殺虫効果が現れます。

同じ害虫種のなかで、ある殺虫剤に対して抵抗性が発達した系統と、抵抗性がない（感受性）系統の間には、その殺虫剤に関して選択性があることになります。この選択性の機構としては、抵抗性が発達した系統では、その殺虫剤に対する解毒酵素の働きが活発になっている場合や、神経の殺虫剤作用点の分子構造が微妙に変化して、殺虫剤を受け付けない場合などが知られています。

5.2　殺菌剤の選択性

メラニン生合成阻害のように、その菌独自の酵素系に作用する殺菌剤は、そのような酵素系がない動物に対しては作用がありません。呼吸系やＳＨ酵素など、動物にも存在する代謝系に作用する殺菌剤が動物に対して毒性が弱いのは、おそらく動物では代謝系によって解毒されるためと考えられます。

5.3　除草剤の選択性

除草剤の選択性は、動物と雑草との間、ならびに作物と雑草との間にみられます。光合成、植物ホルモン、必須アミノ酸合成など植物特有の生化学機構はもともと動物には存在しないので、これらの機構に作用する除草剤は動物に対しては作用しません（動物が異常に大量摂取したときには、異物として作用することがあります）。除草剤で、作物に対して何ら薬害作用を及ぼさない場合は、作物がその除草剤を分解酵素で無毒化して体内に蓄積するという仕組みがあることがわかっています。

（坂　井　道　彦）

◆参考文献

井倉勝弥太（監修）：主要農薬の開発経緯と展望、シーエムシー出版（一九九七）
農薬ハンドブック編集委員会（篇）：農薬ハンドブック二〇〇一年版、日本植物防疫協会（二〇〇一）
山下恭平・水谷純也・藤田稔夫・丸茂晋吾・江藤守総・高橋信孝：新版農薬の科学、文永堂出版（一九九六）

第6章　安全な農薬はあるのか？——その認可のしくみ

安全な農薬はあるのでしょうか？　結論を先にいえば、「**農薬は、そのラベルに表示されている方法に従って使用する限り安全**」といえます。何とも単純な答えですが、何故そういえるのかをこれから説明します。

農薬は、製造・輸送・保管・使用・食品への残留などのあらゆる場面でその安全性が求められます。ここでは、この本の主題である農作物を介した農薬の安全性、すなわち農作物に残留する農薬（残留農薬）の安全性に焦点を絞って述べます。

1　農薬の登録制度とは

わが国では、農薬取締法に基づいて農薬の登録制度が設けられています。つまり、農薬の製造業者および輸入業者が農薬を販売しようとする場合、あらかじめその農薬を登録しなければなりません。農薬の登録を受けようとする者は、農林水産大臣に対し、農薬登録申請書、各種資料や試験成績および農薬の見本を提出します。内閣府（食品安全委員会）、農林水産省、環境省および厚生労働省の専門家は、提出された資料などを厳しく検査し、安全性が確認できたものについてのみ適正な使用方法を定め、農林水産大臣が農薬として登録します。提出する試験成績などに関しては、独立行政法人農薬検査所のホームページ(1)に詳しく記載されています。

2　農作物に残留する農薬の安全性

作物に残留している個々の農薬の安全性は、残留している農薬の毒性とその農薬の摂取量とによって決まります。個々の農薬の毒性は、後述する農薬の一日摂取許容量（Acceptable Daily Intake for man：ＡＤＩ）で表されます。個々の農薬の摂取量は、農作物中の農薬の残留濃度とその農作物の摂取量から計算されます。農薬の残留濃度は、農薬の作物残留試験から求められます。農作物の摂取量をどのように計算するかに関してはいくつかの考え方があります。

3　農薬の毒性

農薬の毒性は、登録申請の際に提出する資料[1]から知ることができます。試験に供するのは、農薬製剤、農薬原体、代謝・分解物などです。

3.1　農薬製剤の毒性試験

製剤の毒性試験は、主として使用時の安全確保の情報を得るために行います。試験成績から、農薬のラベルに記載する使用上の注意事項が定まります。

3.2　農薬原体の毒性試験

農薬登録申請時に提出する毒性試験成績から、個々の農薬原体の毒性の特徴が明らかになり、農薬（有効成分）の一日摂取許容量（ＡＤＩ）が設定されます。ＡＤＩは、私たちが一生涯にわたって毎日食べ続けても安全だと考えられる量のことで、通常mg/kg/day（ヒトの体重一キログラムあたり一日に摂取してもよい重量（mg））で表されます。農薬の安全性評価の目的の一つは、個々の農薬（有効成分）のＡＤＩを定めることにあります。

ＡＤＩは、無毒性量から算出されます。無毒性量は、イヌおよびラットにおける慢性毒性試験、ラットおよびマウスにおける発がん性試験、ラットにおける多世代繁殖試験などの長期毒性試験の成績から得られます。これらの試験では、通常、農薬（原体）を投与しない対照群のほかに三群の動物を用意し、それぞれ異なる用量になるように農薬原体を飼料に混ぜて（あるいはカプセルに入れて）動物に長期間与えます。投与期間中は一般状態の観察、体重および摂餌量の測定、血液検査、血液生化学検査、尿検査などを行い、死亡動物および投与期間終了後に生存しているすべての動物を剖検して臓器重量を測定し、詳細な病理組織学的検査を行います。これらの検査の結果、投与した農薬に起因する有害作用がまったく見られない投与量のうち最大の用量をその試験の無毒性量とします。このようにして得られた無毒性量は、動物に一生涯にわたって与え続けても何ら有害な作用を現さない最大量と考えられます。

通常、前述の各種長期毒性試験で得られたそれぞれの無毒性量のうち最も小さな値をＡＤＩ算出に使用します。ＡＤＩを設定する場合、動物を用いた試験で得られた無毒性量がそのままヒトに適用できるかどうか不明ですので、動物を用いた試験から得られた最も小さい無毒性量をさらに百分の一に小さくした値をヒトのＡＤＩとします。

3.3　代謝物・分解物の毒性

水田、畑、果樹園などに散布された農薬中の有効成分は、光や水、土壌中で分解されます。また農薬は農作物に吸収され、植物体内で代謝されます。したがって、作物中の残留農薬には有効成分のほかに、植物体内で生じる代謝物、土壌および水中で分解を受け、作物の根から吸収される土壌中・水中の分解物あるいは農作物の表面で生成する光分解物などが含まれる場合があります。

農薬の有効成分が植物体内あるいは土壌中などでどのように代謝・分解されるかは、植物代謝試験および土壌代謝試験の成績から知ることができます。また、光による分解および水中での分解は、それぞれ光分解試験および加水分解試験の成績から知ることができます。これらの試験で得られた代謝物が、別に行う動物代謝試験の中でも同様に検出される場合、それらの代謝物に関しては動物を用いた毒性試験の中で安全性が確認されたものと一般に考えます。一方、動物代謝試験では検出されず、植物代謝試験で検出された植物固有の代謝物あるいは土壌固有の分解物の安全性には注意が必要です。通常は、その代謝物を用いた毒性試験の成績および実際の残留量などを総合的に考慮して安全性を判断します。

3.4　動物に発がん性（催腫瘍性）を示す農薬はヒトにも危険か？

動物を長期間飼育すると、農薬原体を投与しない対照群にも腫瘍の自然発生がみられますが、農薬原体を投与した群に次のような腫瘍がみられる場合、その農薬には催腫瘍性があると考えます。

- 対照群にみられないタイプの腫瘍が認められる
- 対照群にみられる腫瘍が投与群においてより高率に発生する

・対照群に比べてより多種類の器官や組織に腫瘍が発生する
・発生率に差はないが、投与群における腫瘍の発生が対照群より早期に現れる

農薬原体の投与に関連して動物に腫瘍の発生がみられた場合で、その農薬原体に遺伝毒性（細胞内の遺伝子（ＤＮＡ）に損傷を与え、突然変異や染色体異常などを誘発する作用）が認められた場合には、その農薬原体は遺伝毒性のある催腫瘍性物質と判断され、通常、農薬の原料として利用されることはありません。その理由は、遺伝毒性には一般に閾値（その量より低いと毒性を示さない値）がないと考えられているからです。

一方、遺伝毒性はないが催腫瘍性がある場合には、その腫瘍発生のメカニズムに関する研究が求められます。メカニズムの研究から、その腫瘍がヒトでは発生しないと考えられる場合には、その農薬原体は使用可能と判断されます。また、遺伝毒性がない農薬原体の場合には、その腫瘍発生のメカニズムに閾値が存在すると考えられますので、催腫瘍性試験（発がん性試験）で得られたＮＯＡＥＬ（無毒性量）をＡＤＩ算定に用いることができます。つまり、遺伝毒性のない催腫瘍性物質には腫瘍を発生させない量があることになりますから、その量以下で使用するぶんには安全だと考えるのです。

４　私たちはどれくらいの量の農薬を食べても安全なのか？

4.1　基本的な考え方

先にも述べましたが、農薬（有効成分）の摂取量は、一般に各作物に残留するその農薬（有効成分）の濃度とそれらの作物の摂取量との積によって求められます。有効成分の残留濃度は作物残留試験から導きだされます。作物の摂取量はそれぞれの国の状況に合わせて決められます。わが国では、厚生労働省が毎年行う国民栄養調査に基づく食品ごとの摂取量が用いられます。

コメ、モモ、ナスに使用される農薬を例にとって考えてみましょう。これらの作物から摂取するその農薬（有効成分）の量を表６・１に示します。

この農薬（有効成分）の総摂取量は、これら三種類の作物に残留するその有効成分のそれぞれの摂取量の総和［$(A_1 \times B_1) + (A_2 \times B_2) + (A_3 \times B_3)$ mg/kg 体重/日］になります。この総摂取量が毒性試験で求めたＡＤＩを超えない場合には、その残留量は安全だと考えられます。実際に

表6.1　作物から摂取する農薬（有効成分）

コメの残留農薬の濃度 （A_1mg/kg）	×	コメの摂取量 （B_1kg/kg 体重/日）	＝	コメからの農薬摂取量 （$A_1 \times B_1$mg/kg 体重/日）
モモの残留農薬の濃度 （A_2mg/kg）	×	モモの摂取量 （B_2kg/kg 体重/日）	＝	モモからの農薬摂取量 （$A_2 \times B_2$mg/kg 体重/日）
ナスの残留農薬の濃度 （A_3mg/kg）	×	ナスの摂取量 （B_3kg/kg 体重/日）	＝	ナスからの農薬摂取量 （$A_3 \times B_3$mg/kg 体重/日）

は、農薬（有効成分）は作物だけから私たちの身体に入るわけではなく、空気あるいは水などからも入ると考えられていますので、一般には作物由来の農薬（有効成分）の摂取量がＡＤＩの八〇％を超えなければ安全であると考えます。

この基本的な考え方は、輸入作物に残留している農薬についてもあてはまります。ただし、わが国でも、また国際的にも残留基準が定められていない農薬や、わが国で使用が禁止されている農薬については、安全性が不明であるため残留そのものが問題になります。

4.2　作物残留試験

作物残留試験は、それぞれの農薬の使い方に応じた作物中の農薬（有効成分）の残留濃度を測定することによって、安全という観点から最も適した農薬の使用法を決定するために行います。

試験に用いる作物は、その代表的な品種および作型を選択し標準的な方法で栽培します。農薬は、その農薬の登録申請にかかわる使用方法（時期、回数、量）などに基づいて、通常用いられる器具を使用し適切に施用します。農薬は、原則として残留の消長が確認できるよう何段階かの経過日数を設けて施用します。たとえば、収穫の一週間前、二週間前、三週間前…などのように施用します。

分析用の試料は、市場へ出荷できる状態と同じもので、可能な限り均一なサイズ（長さおよび大きさ）のものを採取し、天日乾燥や機械乾燥した試料を除き、凍結しない程度の低温条件で速やかに分析機関に輸送します。分析機関では、作物ごとに定められた部位について分析します。分析項目は、通常、有効成分およびその主要な代謝物です。

作物ごとに何例の作物残留試験を行うかは国あるいは機関によって異なります。わが国では作物ごとに二カ所以上の圃場で試験を行い、各圃場から収穫された作物の分析は、それぞれ二カ所の分析機関で分析するという方法を採用し、得られたデータのうち最大の数値をその作物の残留値としています。欧米における残留試験の例数はもっと多く、得られたデータの最高値ではなく中央値をその作物の残留値としています。わが国でも例数を二例から六例に増やし、得られたデータの平均値を残留値にしてはどうかという提案がなされています。

4.3　残留農薬基準

　このようにして得られたデータから残留農薬基準が設定されます。表6・1を例にとって説明しましょう。作物残留試験では複数の施用方法が用いられます。各作物とも、農薬として有効な施用方法のうちからいくつかを選びだしますが、収穫時期に最も近い時期に施用した場合の残留データを選ぶことが多いかもしれません。作物ごとに得られた残留データから、その農薬の総摂取量［$(A_1 \times B_1) + (A_2 \times B_2) + (A_3 \times B_3)$mg/kg（体重/日）］を計算します。

　この値がＡＤＩの八〇％を超えていない場合には、各作物の最大残留値がその作物の残留農薬基準の算定に使用されます。また、この値がＡＤＩの八〇％を超えていた場合には、いずれかの作物の、より残留レベルの低い施用時期あるいは使用回数を選択し、再度農薬の総摂取量を計算します。このようにして、農薬の総摂取量がＡＤＩの八〇％を超えないような、各作物の施用方法を決めていくのです。そのときの各作物の残留量がその農薬（有効成分）の残留農薬基準の算定に使用されます。

　これまでに一三三以上の農作物（輸入農作物を含む）について、約二三〇農薬の残留基準が厚生労働省によって定められています。厚生労働省によって残留農薬基準が設定されると、その基準値が守られるように、その農薬の使用方法が農林水産省によって定められます。

4.4　農薬摂取量

作物残留試験の成績に基づいて設定された残留農薬基準（ＭＲＬ）は、収穫直後に非可食部位まで含めて分析を行って得られた最大残留値に基づいています。このＭＲＬに基づいて算出する農薬の一日摂取量を理論最大一日摂取量（ＴＭＤＩ）といいます。ＴＭＤＩは、日本をはじめ多くの国で採用されている農薬摂取量の推定法です。

ＭＲＬおよびＴＭＤＩは、①収穫直後の作物の残留データを用いる、②非可食部分の分析データも使用する、③すべての作物に常に最大の残留があると考える、④ＴＭＤＩがＡＤＩを超える場合がある、など過剰評価であるとも考えられています。そこで、欧米諸国では、可食部のみの分析データを用い、保存中あるいは調理加工中の農薬の濃度の減少などを加味して残留量を算出し、より現実的な残留農薬摂取量を推定する方法が採用されるようになりました。それが推定最大一日摂取量（ＥＭＤＩ）および推定一日摂取量（ＥＤＩ）です。

また、国別推定一日摂取量（ＮＥＤＩ）というさらに精度の高い一日あたりの農薬摂取量の推定法が提案されています。これは、①作物残留試験はGAP（適正農業規範）を満たすなど公認された試験でなければならない、②残留農薬の分析は収穫後の農作物を対象とする、③農薬残留データとしてMRLを使う代わりに残留試験で得られたデータの中央値を用いる、④可食部分のみの分析データを用いる、⑤国別の食品摂取量のデータを使用する、⑥保存・調理加工中に残留濃度に影響を及ぼす要因を加味する、というものです。

4.5　農薬の残留実態

実際にはどの程度の農薬が食品に残留しているのでしょうか。

厚生労働省は、地方公共団体、検疫所および国・地方の衛生試験所など一〇四団体が実施した食品中の残留農薬の検査結果を毎年まとめています。一例として平成十一年度に実施した検査結果[(2)]を表6・2に示します（第10章表10・5も参照のこと）。

厚生労働省は、この検査結果から「検査の結果、国産・輸入品を含む全検査中で農薬を検出した割合、また、そのうち基準値を定めている農薬で当該基準値を超えた割合がいずれも低かったことから、我が国で流通している農産物における農薬の残留レベルは極めて低いものと

表6.2　食品中の残留農薬検査結果（平成11年度）

	国産・輸入	検査数	検出数		基準を超える件数	
			件	%	件	%
基準が設定されているもの	国産品	122,399	723	0.59	21	0.02
	輸入品	117,731	1,528	1.30	35	0.03
	合計	240,130	2,251	0.94	56	0.02
基準が設定されていないもの	国産品	76,192	279	0.37		
	輸入品	76,430	233	0.30		
	合計	152,622	512	0.34		
総合計	国産品	198,591	1,002	0.50		
	輸入品	194,161	1,761	0.91		
	合計	392,752	2,763	0.70		

判断される」と述べています（第10章2・1参照）。

5　農薬の安全性を確保するためには

以上、作物に残留する農薬（有効成分）の安全性について述べてきました。現在までのところ、農薬の安全性は保たれていると思われます。その前提としては、確実にラベルに表示されている使用法に従って使用されているということがあります。

以下に、今後さらに検討すべきではないかと思われる点をいくつかあげておきたいと思います。

＊農薬の適正使用の徹底：確実に、正しく、ラベルに従って使用されているかどうかの見直し。

＊急性毒性の参照値の設定：慢性毒性試験からＡＤＩが設定され、一生食べ続けても安全とされる量が決まりますが、一度に食べてもよい農薬の量については明確ではありません。また、輸入野菜に基準値を超えた農薬の残留があったと騒がれることがあります。基準値を超えた農薬が残留している作物を一生食べ続けたら、それは危険です。では、そのような作物を一度だけ食べたらどうなるのか。あるいは、基準値以内の残留であっても、一度にたくさん食べたらどうなるのか。このような場合の目安になる数値があるとわかりやすいと思います。

＊農作物以外の食品の残留農薬基準：従来、残留農薬基準は農作物にだけ設定されていました。しかし、農作物を家畜の飼料として使用する場合には、畜産物にも残留農薬の基準が必要になります。今後は、残留農薬基準を定める食品の種類を農作物以外にも広げる必要があると思います。

＊農薬の複合作用：農薬の安全性は、個々の農薬について評価されます。しかしながら、実際の作物には複数の農薬が残留していると考えられます。残留している個々の農薬については安全とされていても、何種類かが合わさったらどうなるのか。実際には、それぞれの農薬の残留量は非常に少ないので、複数の農薬が組み合わさったとしても、そのことに

よって残留する農薬の毒性が大きく変化するということはないと考えられていますが、今後は、この点についての検討も必要だと思います。

（小池康雄）

◆引用・参考文献

(1) 農林水産省：「農薬の登録申請に係る試験成績について（平成十二年十一月二十四日付け一二農産第八一四七号農林水産省農産園芸局長通知、一部改正平成十三年六月二十六日一三生産第一七三九号、一部改正平成十四年十二月十日一四生産第七二六九号）」及び「農薬の登録申請等に添付する資料について（平成十四年一月十日付け一三生産第三九八七号農林水産省生産局長通知）」、農薬検査所ホームページ　http://www.acis.go.jp/

(2) 厚生労働省医薬局食品保健部基準課・監視安全課：「食品中の残留農薬検査結果の公表について（平成十四年四月一日）」、厚生労働省ホームページ　http://www.mhlw.go.jp/houdou/2002/04/h0401-1.html

参考のために：農薬登録申請時に提出する資料および試験成績

農薬の物理的化学的性状に関する資料、農薬の経時安定性に関する資料、農薬（製剤）及び原体の成分組成、製造方法等に関する資料、農薬中のダイオキシン類の検査に関する資料、農薬中のダイオキシン類以外の有害混在物の検査に関する資料、適用病害虫に対する薬効に関する試験成績、適用農作物に対する薬害に関する試験成績、周辺農作物に対する薬害に関する試験成績、後作物に対する薬害に関する試験成績、急性経口毒性試験成績、急性経皮毒性試験成績、急性吸入毒性試験成績、皮膚刺激性試験成績、眼刺激性試験成績、皮膚感作性試験成績、急性神経毒性試験成績、急性遅発性神経毒性試験成績、九〇日間反復経口投与毒性試験成績、二一日間反復経皮投与毒性試験成績、九〇日間反復吸入毒性試験成績、反復経口投与神経毒性試験成績、二八日間反復投与遅発性神経毒性試験成績、年間反復経口投与毒性試験成績、発がん性試験成績、繁殖毒性試験成績、催奇形性試験成績、変異原性に関する試験成績（復帰突然変異試験、染色体異常試験、小核試験）、生体機能への影響に関する試験成績、動物体内運命に関する試験成績、植物体内運命に関する試験成績、土壌中運命に関する試験成績（好気的湛水土壌中運命試験、好気的土壌中運命試験、嫌気的土壌中運命試験）、水中運命に関する試験成績（加水分解運命試験、水中光分解運命試験）、水産動植物への影響に関する試験成績（魚類急性毒性試験、ミジンコ類急性遊泳阻害試験、ミジンコ類繁殖試験、藻類生長阻害試験）、水産動植物以外の有用生物への影響に関する試験成績（ミツバチ影響試験、蚕影響試験、天敵昆虫等影響試験、鳥類影響試験、鳥類強制経口投与試験、鳥類混餌投与試験）、有効成分の性状、安定性、分解性等に関する試験成績、水質汚濁性に関する試験成績、農作物への残留性に関する試験成績（作物残留性試験、乳汁への移行試験）、土壌への残留性に関する試験成績（土壌残留性試験、容器内試験、ほ場試験、後作物残留性試験）。

コラム　†農薬、農薬って気軽によばないで！

この章でも「農薬」という言葉が頻繁にでてきました。読者の理解のために、本書で用いる用語の説明をしておきます。

本書で「農薬」というとき、それは登録された製剤のことを意味します。農薬（製剤）は原体およびその他の成分で構成されています。さらに原体は有効成分と微量の原体中混在物で構成されています。有効成分は、それぞれの農薬でもっとも重要な成分で、農薬の殺虫活性、殺菌活性、除草活性などはこの成分の活性に依存しています。原体中混在物は、有効成分を合成する段階で微量に混入する原材料に由来する物質あるいは合成中に生成する物質です。その他の成分は、有効成分の活性を発揮させる補助成分で、鉱物質、溶媒あるいは界面活性剤などが多く用いられます。

「農薬の効果」というとき、それは一般に農薬製剤の効果のことを意味します。また「農薬の安全性」というとき、それは一般に農薬製剤の使用者に対する安全性、および作物に残留する農薬の有効成分などの、消費者に対する安全性という二つの意味があります。

「農薬の毒性」という言葉は、一般には農薬製剤の毒性と解釈されるかもしれませんが、実際には農薬原体の毒性を意味する場合のほうが多いと思います。なぜなら、農薬製剤を用いて行う毒性試験よりも農薬原体を用いて行う毒性試験のほうが規模も大きく数も多いからです。「残留農薬」というときは、作物に残留している有効成分（代謝・分解物を含む場合もある）のことといいます。「残留農薬基準」は有効成分の残留基準のことを意味します。

第7章　農薬はどのように使われているのか

野生植物も人間が作物として栽培するようになると、病害虫の発生が多くなります。一カ所で同じ作物をたくさん栽培したり、肥料を与えて生育を良くすることでも病害虫の発生が多くなります。たとえばリンゴでは、病害が五〇種以上[1]、害虫が二五〇種以上[2]も記録され、防除をしないと販売できるものがほとんどないくらいです。イネや野菜ではリンゴほど多くはありませんが、大きな被害を及ぼす病害虫がいますので防除はやはり不可欠です。

日本の温暖多湿な気候は、病害虫が発生しやすい環境です。また、日本の農業は栽培規模が小さいので、面積あたりの収量を高めるために密植栽培となり、病害虫が発生しやすい環境であるといえます。

ＦＡＯ（国連食糧農業機関）では、世界で穀類の潜在収穫量の三五％が病害虫や雑草の被害で消失していると推定しています。日本の調査では、防除をしなかった場合の減収率（平均値）

は、最も小さい水稲で二七・五％、リンゴが九七・〇％、キャベツは六三・四％、トマトでは三九・一％でした。(3) このように農業経営の中で病害虫による被害は大きな部分を占めており、被害の軽減を図るには、防除効果が高く、簡便で安価な、自然界には存在しない化学物質を用いた農薬による防除に頼らざるを得ません（第1章図1・2参照）。それではまずはじめに農薬以外の防除方法について、次に農薬による防除について説明します。

1　自然界には存在しない化学物質を用いた農薬以外の防除方法

近年では農薬以外の防除方法の導入も盛んになってきていますが、まだまだ一部の作物や栽培方法で取り入れられているに過ぎません。その理由として、生産者が満足できる効果がある方法が少なく、また導入できる作物が限られているからです。さらに、農薬の防除に比べると労力と経費がかかり、技術的に難しいものがあったりするなど、それに対応できない農家も多いからです。

1.1　生物的防除

(1)　天敵利用

天敵の保護や利用は昔から提案されてきました。戦前ではリンゴに発生するアブラムシの一種であるリンゴワタムシ（メンチュウ）に対するワタムシヤドリコバチ、ミカンに発生するイセリヤカイガラムシに対するベダリヤテントウ、ミカントゲコナジラミに対するシルベストリーコバチは、海外から導入した天敵で発生を抑えることができた成功例です。最近ではクリ害虫のクリタマバチに対しチュウゴクオナガコバチ導入で成功例がありますが、いずれも果樹での事例であり、イネや野菜では成功例はほとんどありません。

日本に生息している天敵（在来天敵）の保護利用も研究されています。害虫にはそれぞれ天敵がいて、発生を抑える力が大きいものもあります。しかし、いざ天敵を利用するとなると害虫の発生を抑えるだけの生息数を維持するのが難しく、期待するほどの防除効果が続きません。

また、天敵類は化学農薬の影響を受けやすいので、農薬による防除との両立が困難です。天敵類に害の少ない農薬も多くなりましたが、全栽培期間を通して保護できるほど薬剤の種類が揃っていません。農薬防除と組み合わせて使うのが理想ですが、実際には難しいというのが現実です。また、病気に対しては天敵のような手段がほとんどありませんので、害虫については天敵で解決できたとしても、病気に対しては農薬による防除に頼らざるをえないというのが実情です。

最近では天敵を繁殖して、必要な数を必要な時だけ使うという方法が、主に野菜の施設栽培で行われています。特にビニールハウスなどの施設栽培では外部の影響を受けにくく、天敵の逃亡を防げること、また、露地栽培に比べると面積が小さいので天敵の数が少なくすむという利点があり、主要害虫に有効な天敵がいると、農薬による防除を減らすことができます。施設内で多発するオンシツコナジラミやハダニ類、アザミウマ類、アブラムシ類に実用化されています。こうした方法は天敵の農薬的な利用ともいわれ、また必要な時だけ導入するもので、永続的な保護を狙ったものではありません。というのは、野菜畑は収穫が終わると作物がなくなり、他の作物に変わったりするので天敵の餌（害虫）が急にいなくなり、そうなると天敵の維持ができなくなるからです。

(2)　弱毒ウイルス利用

ウイルス病は薬剤では防除できません。ウイルス病の多くは昆虫類が媒介となるので、その防除や寄生防止により感染させないようにしています。ウイルスどうしには互いに干渉しあう作用があり、これを利用したのが弱毒ウイルス摂取法です。これは、病原性をほとんど示さない弱いウイルス（弱毒ウイルス）を先に感染させておき、後から感染するウイルス病を抑えたり症状を軽減させるというものです。しかし、うまく使える弱毒ウイルスが少なく、また接種の方法が難しいなどで一部の作物で試行されている段階です。

このほか、病原菌を攻撃する病原菌が農薬として販売されるようになってきましたし、土壌病害においてはいろいろな菌を繁殖させ、菌どうしを牽制（拮抗作用）させて病気の発生を抑えるという方法もあります。

1.2　フェロモン防除

昆虫の雌が交尾のために雄を引き寄せるにおい物質に性誘因物質（性フェロモン）があります。このにおいを畑に充満させると本当の雌がだすにおいが識別できなくなり、雄と雌との遭遇がかく乱され、交尾が減って産卵を減らすことができます。完全に交尾を阻害できるというわけではありませんが、多発しない程度に発生を抑え込むことができます。

フェロモンは天敵と違い農薬の影響を受けないので、農薬防除との併用ができ、現状の防除体系の中に組み込むことができます。リンゴ、モモ、ナシの害虫であるシンクイムシ類・ハマキムシ類やアブラナ科野菜の害虫、コナガなどで実用化されています。経費は農薬の防除より高くつきますが、生産者が経済効果だけを追求しないことがフェロモン防除の発展の鍵になると思います。

1.3　耕種的方法

病害虫の被害を減らすには病害虫に強い作物や品種を栽培することも一つの方法です。しかし、日本で栽培されている多くの作物や品種は、形や味、色などの品質を重視して改良されており、耐病性や耐虫性についてはあまり考慮されていないものが多々あります。市場では何といっても姿が美しくおいしいことが一番という根強い消費者嗜好のあることが、生産者が病害虫防除に力を入れざるをえない事情の一つとなっています。生産量を高めるための多肥栽培は、植物体を軟弱にしてしまうので病害に犯されやすくなります。また、アブラムシ類やハダニ類の害虫も繁殖が旺盛になります。

害虫の捕殺、病株の処分、風通しや排水を良くして病害虫が発生しにくい環境を作ることは当然ですが、その労力の割には成果が顕著にみえてきません。また、経営規模が大きくなり栽培が近代化していくほど、こうした方法は実施しにくくなります。たとえば風通しをよくするには栽植数を減らすことですが、日本的な集約栽培では減収につながりかねません。

1.4　物理的防除法

施設栽培では出入口や換気の開口部からの害虫の侵入を防いだり、黄色灯など昆虫の嫌いな波長の照明灯を設置したり、特殊な波長のビニール資材でハウスを作るなど、昆虫の感覚を狂わせる方法もあります。

2　農薬の多大な防除成果

農薬の薬剤散布はつらい作業です。いかに毒性が低い農薬を使用しても散布者が一番危険にさらされますし、防具を付けて暑い季節に作業するのはつらく重労働です。しかし農薬は効果の範囲が広く、一回の防除で複数の病害虫を防除でき、誰が散布しても効果に大きな差がなく、簡便でしかも防除効果が大きいという利点があります。

最近は減農薬傾向ですが、防除の削減によって防除もれの病害虫がでてきて、思わぬ被害を被ったり、対象病害虫が複雑になる傾向がでています。病害虫の種類数が多くなることはより自然的ともいえますが、反面、防除が複雑化して難しくなります。

薬剤費は作物によって違いますが、生産額のおよそ五〜一〇%で、リンゴでは一〇アールあたり五、六万円程度です。仮にリンゴの生産額を一〇アールあたり七十万円とすると七〜八%くらいにあたります。防除しなければ九七%（六十八万円あまり）の減収となりますので利益の違いがよくわかります。実際、防除に失敗したり、散布を一回省いたために年間の薬剤費を上回る損害額になったという例は珍しいことではありません。

3　防除の基本的な考え方

3.1　病気の防除は予防が基本

病害は、感染（病菌の侵入時）から発病（病徴の出現）までには時間的な差があります。感染から発病までの潜伏期間は短いもので一〜二日、長いものでは二〜三カ月にもなります。病徴のでている個所は病気に冒されて死んだ部分ですので防除しても治りません。

現在市販されている殺菌剤の多くは予防（感染を防止する）効果はあるのですが、治病効果（病徴進展防止効果）はありません。ですから発病してからの防除では手遅れとなってしまうので、まずは感染させないという予防が原則です。

病害の感染は湿気が要因で、野外では降雨が一番の原因になりますので、予防的効果のある薬剤を感染前に散布して菌の侵入を防ぐことが最良です。しかし、降雨は予想しにくいので降雨前にタイミングよく散布するのは困難です。したがって、薬剤効果の残効力（効果が持続する時間）を考慮して定期的に散布し、効果が切れている期間をできるだけ少なくするという手段をとっています。

3.2　害虫は防除時期が大切

短い期間で世代交代をくり返すアブラムシ類やハダニ類は、世代が進むと世代の区切りがなくなり連続的な発生となります。しかし、年一回から数回の発生をくり返す程度の虫では発生時期がほぼ決まっており、気温により若干の早晩がありますが極端に狂うことはありません。したがって、害虫については防除適期が明確であり、防除の要否は害虫の発生量で決まります。

防除原理の異なる病害と害虫を同時にうまく防除するのは少し無理があります。しかし、各々の適期を狙って防除したのでは全体の散布回数が多くなり対応しきれません。したがって、できるだけ両方を同時に防除することを狙いますが、タイミングが合わないこともあります。

3.3 病害と害虫の増え方には違いがある

病害は好条件（多くは高温多湿）だと短時間で大量の感染源（胞子など）を増やし、その増殖は無限大といっても過言ではありません。また、菌や胞子は微小で肉眼では見えませんので、発生を予測することは困難です。

一方、害虫の産卵数は種類でおおよそ決まっています。クワコナカイガラムシは一回におよそ四〇〇個程度の卵を産みますので、雌と雄の比率が同じで生き続けたとすると次の世代は二〇〇倍になりますが、害虫は病気と比べるとその姿が見えますので発生を確認することは難しくありません。したがって、防除は病害を中心にして、害虫はできるだけ適期に処置するようにします。もちろん、害虫の被害の方が甚大であればそちらを優先することになります。

なお、病害は雨の多い年に発生が多く、害虫は雨が少なく乾燥気味の年に発生が多いというのが一般的です。施設栽培は雨が関係ありませんので害虫の発生が多い傾向にあります。

4　防除基準の基本的な考え

病害虫防除や雑草の駆除方法は各県ごとに「防除基準」や「防除指針」などで示されています。農薬による防除だけでなく耕種的防除、フェロモン防除、天敵利用などの方法も取り入れています。

使用する農薬は各作物ごとに決まっています。同じ薬物でもキャベツに使用する農薬がハクサイで使えるとは限りません。適用のない農薬が使われないように、作物ごとに使用時期、使用上の注意、薬害、他の作物や自然への影響など付随する注意が示されています。

しかし、登録農薬であっても、県によって使用するのに好ましくないと判断されたものは除外されます。たとえば水生動物に影響の大きい水質汚濁性農薬は、使用を禁止している県がたくさんありますし、養蚕が盛んな県ではカイコに影響する薬剤の使用が制限されたり、人畜に毒性の強いものや環境汚染につながる薬剤も制限されています。これらの効果や使い方については各県の試験研究関係の調査で決められています。

防除基準は、被害がでる程度に発生が想定される病害虫に対する防除の指針です。実際には地域によって発生種や発生量、発生時期に違いがありますので、各地域ではさらに実情にあわせた基準が決められ、生産者は防除の要否や労力を考えて、実際の防除を計画します。安全使用などさまざまな規則から外れなければ、県の防除基準に必ずしも従う必要はありません。

4.1　二種類の防除基準——防除暦とメニュー方式

防除基準には防除歴とメニュー方式の二通りがあります。

果樹は季節にそって発芽、開花、収穫が毎年同じようにくり返され、病害虫もこれに即して発生します。発生種や発生時期に大きな変動がありませんので、このような作物に対しては年間の防除を、月日を追って計画した「防除暦」が採用されています。

防除暦は防除回数や時期がほぼ決まっており、病害虫の発生がなくても実施されるので、無駄な防除がでるという欠点があります。しかし、要点をつかんでいますので、病害虫の生態についてや、防除に対しての知識がなくても大きな失敗をしないですみます。

水稲は一年一作で果樹栽培と似ていますが、植え付け時期が地域や田によって違います。野菜も作付け時期がさまざまで、春作と夏作では発生する病害虫や発生量が違ってきます。このような作物に対しては果樹のように暦は組めませんので、育苗期、発育初期などそれぞれの作物の生育段階に合わせたり、単発する病害虫ごとに防除方法を指示する「メニュー方式」になります。この方法は必要な防除だけできるので応用がききそうですが、病害虫の発生を見極める力が必要ですし、病害虫に対する知識や防除手段の理解がないと、でたらめな防除になる可能性があります。

5　防除の成否にかかわる発生予察

病害虫の発生状況を正確に読みとるには相当の知識と観察力が必要です。病害虫に精通していても判断に迷う症状やよく似た症状がありますし、今後の増減を読むとなるとかなりの専門的な知識が必要です。

各県には病害虫防除所があり、発生動向を「病害虫発生情報」としてだしています。発生が多く、問題視されるようになってくると「発生予察注意報」がだされ、さらに危険度が高くなると「発生予察警報」がだされます。指導者や生産者はこれを参考に防除の要否や緊急防除、防除の強化などを判断します。

発生予察の情報は防除に重要な手段の一つで、精度が高ければ無駄な防除が減り、被害も最少限にとどめることができます。最近はホームページでも各種の情報が短時間で入手できるようになりました。しかし、これらは広域の情報であって、個々の畑の状況と同じであるとは限りません。個々の畑では、地域の指導員や生産者自身が観察し判断することが求められます。

6　どんな農薬が使われるか

6.1　農薬は多種多様で使い分けが必要

農薬はたくさんの種類があります。効果や使い方が似た薬剤もありますし、同じ薬剤でも水和剤、乳剤、粒剤などのさまざまな剤型があります。

農薬は病害虫の種類によって効果が違い、似たような病害虫でも効果が異なる場合があります。たとえば葉を巻かないアブラムシには接触剤（薬剤に触れることで殺虫性がある剤）でも有効ですが、葉を巻くアブラムシには薬液がかかりませんので効果が十分でません。このような虫に対しては、植物体に浸透し、葉液を通して虫に薬剤を摂取させる浸透移行性の殺虫剤が必要となります。また、同じ虫でも幼虫と成虫では防除剤が違うこともあります。

病害も時期によって効果の違う薬剤や剤型があり、たとえば糸状菌（カビ類）には有効でもバクテリア（細菌類）には全く効かない薬剤もあります。

このほか作物によっては葉が枯れたり、薬斑ができるなどの薬害が生じる薬剤もあります。また、野菜には使えても果樹では使えないとか、同じ果樹でも、リンゴで使えてもナシには使えない場合もあります。

このように農薬なら何でもよいというわけではなく、生産者は作物と病害虫の防除時期や栽培体系に見合った薬剤を適切に選択して使用しなければなりません。

6.2　防除方法と農薬の使われ方

(1)　水　稲：薬剤処理方法の省力化が進んでいる

現在の稲作は箱で苗を育て、それを田植機で移植する方法が中心となっているため、苗の移植前に育苗箱に粒剤を処理して、移植と同時に田の中に入れる方法（箱施薬）が採用されています。処理する薬剤は殺菌剤と殺虫剤の混合剤が多く、初期の病害虫を同時に防除できます。

移植後から生育期にかけては粒剤と粉剤が主流です。イネは直立していて、この時期は草丈もまだ短いので、粒剤や粉剤を上から散布すると株もとまでよく入ります。最近は薬剤が水溶性の袋に入ったパック剤も開発され、これを一〇アールあたり十袋程度を畦（あぜ）から投げ込むだけですむという省力的な方法もあります。

水和剤は水に薬剤を希釈して散布するので大型機械が必要です。また、移植後は田の中に入れない事情もあってこの方法はあまり採用されていません。

以前はヘリコプターによる航空散布が盛んでしたが、宅地が入り込んだり、必要でない場所まで薬剤がまかれる危険性がでてきたため、現在では減少しています。これに代わって小型のラジコンヘリコプターによる散布が増えています。小回りがきき、低空で散布できますので、薬剤の飛散が少ないという利点があります。主に乳剤を希釈して散布します。

(2)　果樹類：大型機械による大水量散布が普通

果樹では水和剤・フロアブル剤・乳剤など、水に希釈して散布する薬剤が中心で、粉剤と粒剤の使用は特殊な事例です。粉剤は枝や葉が薬剤の流れを止めてしまうので内部へ到達しません。また、高い部分に散布すると風で遠くまで飛散して危険ですし、果実が粉で汚れます。

したがって大型散布機（スピードスプレーヤーなど）で大量の水（一〇アールあたり五〇〇リットル前後）を使って噴霧します。発生病害虫がいつも同じ種類とは限らないので、そのつど必要な薬剤を混合して散布します。

(3)　野菜・花類：薬液による汚れは禁物

植え付け時に粒剤を使うことがあります。植穴や土壌全面に処理することで生育前半のアブラムシ類や土壌生息害虫の防除ができます。生育期は水和剤・フロアブル剤・乳剤を水で希釈して散布します。野菜は生で食べるものもあるので、毒性がなくても汚れが目立つ薬剤は使われません。粉剤は粉の付着が目立ちますので作物への直接散布はあまりされませんが、土壌に処理する場合に使われ、散布のための大量の水が調達できない場合には重宝です。

花は観賞用ですからさらに微妙です。花弁や葉に薬剤の痕跡（薬斑）があると嫌がられますので、こうした汚れが目立たない乳剤やフロアブル剤を希釈して散布するのが一般的です。鉢物では根もとに粒剤を使用することがあります。

7　病害虫の実際

次にイネ、葉菜類ではキャベツ、果菜類ではトマト、果樹ではリンゴの具体的な防除についてみてみましょう。

7.1　イ　ネ（水稲）

(1)　主な病害虫と被害

イネの発生病害虫と被害を表7・1、7・2に示しました。中でもいもち病（図7・1）とウンカ（図7・2）、ヨコバイ類の多発は壊滅的な被害を及ぼし、昔は凶作の大きな一因でした。

＊病　害

播種時・育苗期：種子伝染する苗立枯病やいもち病などが幼苗に発病し、苗の生育が悪くなったり枯死します。

幼苗期～収穫期：いもち病は全生育期間を通して発生します。発生部位によって苗いも

表7. 1　イネ病害の被害

加害の状況	病害虫名	被　　害
苗に発生し枯死及び生育阻害を招く	苗立枯病、苗立枯病細菌病、もみ枯細菌病、いもち病	苗不足、生育低下
すくみ、萎縮等生育異常	ウイルス病（縞葉枯病、萎黄病）	生育不良、不稔、枯死による減収
葉、茎に発病し生育不良又は枯死する	いもち病、白葉枯病、ごま葉枯病、紋枯病	生育不良、枯死による減収
茎が異常生長し不稔になる	ばか苗病	不稔による減収
穂に発生する	いもち病、稲こうじ病	生育不良、枯死による減収及びモミの汚れによる品質低下

図7. 1　いもち病（穂首（茎））が黒変し、白穂になっています）

表7. 2　イネ害虫の被害

加害の状況	病害虫名	被　　害
根を食害する	イネミズゾウムシ（幼虫）	生育遅延による減収
生育初期に葉を食べる	イネミズゾウムシ（成虫）、イネドロオイムシ	生育遅延による減収
茎に寄生する	ニカメイチュウ	枯死、衰弱による減収
生育後半に葉を食害する	イネツトムシ、イネアオムシ	同化作用の低下による減収
茎から吸汁する	ツマグロヨコバイ、ヒメトビウンカ、セジロウンカ、トビイロウンカ	衰弱、枯死による減収 排せつ物に発生するすす病による同化作用の低下
モミを吸害する	カメムシ類	斑点米の発生による品質低下
ウイルス病を媒介する	ツマグロヨコバイ、ヒメトビウンカ	生育不良による減収

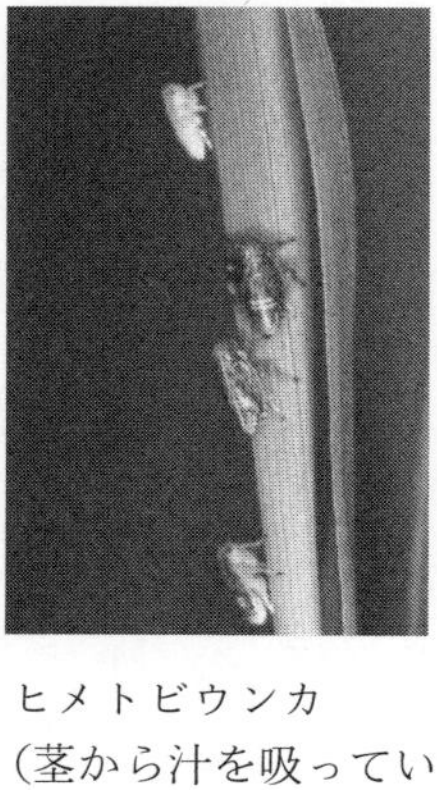

図7. 2　ヒメトビウンカ
（茎から汁を吸っています）

ち、葉いもち、首いもち、穂いもちと各々呼び名があります。梅雨期以降が本格的な発生時期で、初めは葉に発生し穂首や穂に広がり、多発すると田全体が枯れるようになります。ごま葉枯病、紋枯病などは後半に発生して生育不良や収量減につながります。稲こうじ病は収穫期近くになると発生し、あまり減収にはなりませんが脱穀時に黒色の胞子がモミに付着して汚れ、品質低下を招きます。ばか苗病は草丈が異常伸長し不稔（不結実）になります。

＊害　虫

育苗期：ツマグロヨコバイが萎黄病などのウイルス病を伝搬するので注意が必要です。

幼苗期：イネミズゾウムシは一九七六年に日本で初めて発生が認められた海外からの侵入害虫で、瞬く間に全国に広がりました。越冬した成虫が移植直後の田に飛来して苗の葉を食害し、苗がなくなってしまうほどの被害にもなり、幼虫はイネの根を食害して生育に影響します。

生育期〜出穂期：イネドロオイムシは移植後の幼苗期から生育期の前半に発生します。高冷地で多く発生します。

ニカメイガは昭和四十年代までは重要害虫でしたが最近は減少しています。「発生は年二化（二回発生）」であることからこの名が付きました。イネの茎の中が食害され枯死したり生育不良になります。

ヒメトビウンカとツマグロヨコバイは茎から汁液を吸収する害もありますが、ヒメトビウンカは縞葉枯病を、ツマグロヨコバイは萎黄病などのウイルス病を媒介します。セジロウンカとトビイロウンカは海外飛来性害虫で、中国、東南アジアなどから梅雨前線にのって飛来し発生が始まります。本格的な発生は七月以降で西南地域ほど早くなります。

出穂期～収穫期：カメムシ類は夏に発生が多くなりモミが発育してくる頃（胚乳期～登熟初期）にモミを吸害し、米粒に黒褐色の斑点が生じる斑点米ができ品質（等級）が低下します。飛来があればセジロウンカとトビイロウンカは急増しますので、吸害で生育不良を招き排せつ物にすす病が発生して葉がすすけ、稔実（種子になる）歩合が減ります。このほかクサキリ、イナゴが葉や穂を食害しますが常に多発するというものではありません。

(2)　防除の実際

イネの生育時期における防除指針を表7・3に示しました。

播種期～育苗期：種子伝染性のばか苗病、もみ枯細菌病などは種子消毒が欠かせません。温水に浸す方法（温湯処理）や薬液浸漬、粉剤をモミに粉衣する方法があります。また、苗立枯病防除には苗土の消毒が必要で、粉剤の土壌混和や育苗床土に希釈液を灌水します。

表7. 3　イネの防除指針

時　期	対象病害虫	方　　法
播種期	種子伝染性病害（ばか苗病、苗立枯病、もみ枯細菌病など）	罹病種子を使用しない 種子消毒は必ず行う 温湯浸漬、薬剤液に浸漬、モミに粉剤をまぶす（湿粉衣）のいずれかの方法を行う
	苗立枯病ほか	床土に畑土を使用しない 床土に粉剤を混和するか、粒剤を散布し灌水してから播種する
育苗中	いもち病	育苗中の苗いもちは発見し次第薬剤散布で防除する
移植前又は移植時	いもち病 イネミズゾウムシ イネドロオイムシ	機械移植（育苗箱移植）では、播種時及び移植直前に殺菌剤、殺虫剤（粒剤）を育苗箱に散布して移植する。この処理で移植後45日以上初期発生を抑えることができる
本田初期（移植後～６月頃まで）	いもち病	発生前～発生10日後に粒剤散布するか、投込み剤の投入を行う
	イネミズゾウムシ	成虫飛来が多い場合は最盛期に粒剤、粉剤を田面に散布するか投込み剤を投入する
	イネドロオイムシ	６月上中旬頃（成虫盛期）に粉剤散布又は投込み剤を投入する。幼虫の発生が多い場合は加害初期に粉剤、液剤を散布する
本田中期（６月～出穂期まで）	いもち病	いもち病の発生期に入る。予防を原則とし発生を認めたら早めに防除する
	稲こうじ病	穂ばらみ期（出穂10日前まで）に銅剤などを散布する
	紋枯病	出穂10～30日前に粒剤、粉剤、液剤を散布する
	イナゴ	幼虫若齢期に生息が多い畦畔および畦際のイネを重点に薬剤を散布する
	クサキリ	穂ばらみ期に畦畔および畦際のイネを重点に薬剤を散布する
本田後期（出穂期～収穫前）	いもち病	節いもち、穂首いもち、穂いもちの発生期になる。発生を認めたら早めに防除する
	カメムシ類	穂揃期が加害の中心になる。１～２回防除する
	セジロウンカ・トビイロウンカ	飛来害虫で発生には年差がある。発生を確認したらできるだけ早めの防除が重要である

移植時：いもち病、イネミズゾウムシ、イネドロオイムシは移植後から防除が必要になる初期発生病害虫です。田植機による移植では箱施薬の方法が一般的で、移植から四十五日後くらいまで初期病害虫の発生を防ぐことができます。

箱施薬しないで移植した場合や、手植えの田では移植後に粒剤を全面に散布しますが、水溶性の袋に入ったパック剤を投げ込むだけの簡単な方法もあります。

生育期（出穂期まで）：六月後半からはいもち病（葉いもち）の発生期になります。気温が二五℃前後で湿度が高いと感染の好条件であり、気象データのアメダスから発生の危険性を推測する予察システムが応用されています。発生が始まると抑えるのに大変ですし、以後の発生にも影響しますので予防を重点にし、その他の病害虫の防除が必要なら、目的にあった混合剤を選択します。

出穂期近くになるとイナゴやクサキリが発生することがあり、葉や茎を食害します。幼虫期には畦畔（けいはん）や畦際のイネにいることが多いのでそこを重点にした防除で対応できます。

出穂期から収穫前：いもち病は穂首いもち、穂いもちに進展し被害が大きくなりますので、発生があれば早めの防除が必要です。

害虫では斑点米の原因になるカメムシ類の加害期です。また、セジロウンカ、トビイロウンカも多発期で多発すると大きな減収につながります。

7.2　キャベツ（葉菜類）

冬作もありますが、春から秋にかけての露地栽培で説明します。キャベツには葉を加害する病害虫が多いので被害がそのまま商品の損失になってしまいます。

(1)　主な病害虫と被害

主な発生病害虫と被害については表7・4、7・5に示しました。ほとんどの病害虫が他のアブラナ科野菜（ハクサイ、ダイコン、ブロッコリーなど）と共通しています。

＊病　害

土壌中の菌から発生する病害には萎黄病や根こぶ病があり、その汚染土を床土に使うと感染します。両病とも一度発生した畑で連作すると必ず発生し、他のアブラナ科作物にも発病しますのでアブラナ科作物の連作、転作ができません。トマト（ナス科）、レタス（キク科）といった他科の作物に転作するのが最良です。

べと病は多くの作物に発生します。作物により症状が違いますが、キャベツでは発生が特

表7. 4　キャベツ病害の加害と被害

主な被害状況	病害虫名	被　　害
根、茎に発生して生育不良又は枯死する	根こぶ病、黄化病	枯死および生育不良による減収
葉に病斑ができる	べと病、白斑病、黒斑病、黒腐病、萎黄病	同化作用低下による減収および品質低下
葉、結球部が腐敗する	菌核病、軟腐病	収穫不能および減収

表7. 5　キャベツ害虫の加害と被害

主な被害状況	病害虫名	被　　害
根に寄生する	キスジノミハムシ（幼虫）	生育阻害による減収
茎を切り取る	ネキリムシ（カブラヤガ幼虫）	欠株による減収
葉および結球部を食害する	コナガ、ヨトウムシ、アオムシ、タマナギンウワバ、キスジノミハムシ（成虫）	同化作用低下による減収および品質低下
葉に寄生し吸害あるいは排せつ物による汚れ	アブラムシ類	同化作用低下による減収および品質低下

に多く被害もでます。

軟腐病は細菌病で、他の野菜類や花類にも発生します。キャベツでは結球してから発生することが多く、結球部がどろどろに溶けるように腐敗し悪臭を放ちます。夏の高温時に発生しやすい病害です。このほか、菌核病は低温多湿の時に発生しやく、春作と秋作に多い病害です。黒腐病も葉に発生し生育不良になります。

＊害　虫

アオムシ（モンシロチョウの幼虫）、ヨトウムシ、タマナギンウワバの幼虫が葉を加害します。成長すると三〜四センチにもなり、食べる量も多く、外葉を中心に穴だらけになります。特に結球部が食害されると出荷できませんし、内部に虫が入ったまま出荷されることにもなり不評を買います。

コナガの幼虫は小形ですが、葉を網の目のように激しく食害します。結球前に芯の部分が食害されると結球しなくなります。キャベツは葉がしっかり巻きますので結球部の中深くにはあまり入りませんが、外側の葉の下などに入ったものは見落とされてしまいます。ハクサイのように結球上部が開いているものは簡単に内部に侵入されやすいといえます。

カブラハバチは黒色の幼虫で、家庭菜園など防除があまりなされていない畑ではよくみられます。ネキリムシ（カブラヤガ等の幼虫）は昼間は土中に潜んでいて、夜になると移植後の苗の茎をかみ切ります。野菜に限らず花なども被害があります。

キスジノミハムシは二ミリ程度の黒色の小さな甲虫類で、キャベツでは葉が食害されますが、ダイコンでは幼虫により根部に被害痕ができますので実害の大きい害虫です。このほかアブラムシ類は常に発生し生育を阻害します。

(2) 防除の実際

キャベツの防除指針を表7・6に示しました。作付け時期がさまざまですので各病害虫について発生しやすい作物のステージと防除方法を示してあります。

＊病　害

育苗期：別の場所で育苗し移植するのが一般的です。土壌伝染性の萎黄病は種子でも伝染しますので無病の種子を使用します。また、育苗の床土は無病土を用い、汚染の可能性がある場合はクロルピクリン剤などで土壌消毒をします。根こぶ病も同様です。

高温期では育苗期間中にべと病が発生します。発生をみたらできるだけ早い時期に防除して発病を止めます。

移植時：根こぶ病は過去に発生があった畑では必ず発生します。土壌酸度が高いと発生が

表7. 6　キャベツの防除指針

区分	病害虫	防除時期	防除方法
病害	萎黄病	播種前 定植前 生育期間	・抵抗性品種を用いる ・無病床土を用いる ・圃場を土壌消毒する ・発病株は直ちに抜き取り土中深く埋める
	根こぶ病	播種および定植期	・抵抗性品種を用いる ・土壌酸度を pH 7 前後にするよう石灰を施用する ・播種または定植時に粉剤、粒剤を畑に均一に散布し土壌とよく混和する
	べと病	生育全期間	・夏まきキャベツは発生が多い ・殺菌剤を葉裏から十分に散布する
	黒腐病	結球はじめ～収穫期	・多発圃場では 2 ～ 3 年アブラナ科の作付けをしない ・常発圃場では発病前からの予防散布を行う ・銅剤などを散布する
	菌核病	結球はじめ～収穫期	・低温多雨で発病が多い ・多発地帯では連作を避ける ・殺菌剤を散布する
	株腐病	結球はじめ～収穫期	・殺菌剤を散布する
	軟腐病	本葉10枚以降	・発病後の防除は効果が劣るので、常発圃場、多発地帯では発病前からの予防散布をする ・銅剤などを散布する
害虫	ヨトウガ、コナガ、アオムシ、タマナギンウワバ	定植時 苗床より収穫期まで	・植穴に粒剤を株当り 1 ～ 2 g を処理する ・加害初期に殺虫剤を散布する
	コナガ	生育期間	・フェロモン防除：フェロモン剤を設置する。生育初期から行い、少なくとも 3 ha 以上のまとまった面積で使用する
	カブラヤガ	定植時	・粒剤を土壌に散布して混和する
	アブラムシ類	定植時 生育期間	・植穴に粒剤を株当り 1 ～ 2 g を処理する ・発生を認めたら早めに殺虫剤を散布する

助長されるのでpH7程度になるように石灰や石灰窒素を施用して混和します。また、移植前に殺菌剤（粉剤）を土壌に散布し、混和してから移植します。発病してからの対策はありません。また、前作で萎黄病の発生した畑では、移植前にクロルピクリン剤などで土壌消毒することが必要です。

細菌病である軟腐病は本葉が十枚程度になる頃から、黒腐病は結球が始まる頃から収穫期までが防除期です。細菌病は有効剤が乏しく、銅剤、抗生物質剤などに限られ、発病が始まるとなかなか発生が止まりませんので予防が原則です。

フザリウム菌（糸状菌）による菌核病、株腐病は生育後半の結球期からが防除適期です。いずれも予防するか、発生が始まったら早めに処置することが大切です。

防除は通常殺虫剤との混用散布になりますが、病害の発生だけなら殺菌剤だけの散布になります。防除回数は発生状況や天候にもよりますが、発生好条件下では一週間に一～二回防除が必要になることもあります。

＊害　虫

育苗期から移植期：大発生はしませんがコナガ、アブラムシ類は早くから発生し防除が必要になることがあります。多発時期には細かい網で苗床を覆うと発生を防げます。

ヨトウガ・アオムシ・タマナギンウワバ・コナガなどりん翅目害虫とアブラムシ類は定植時、植穴に粒剤を一～二グラム処理すると生育前半の発生を少なくできます。茎を切り取るカブラヤガ、キスジノミハムシは定植前に粒剤を畑全面に散布して混和します。

生育期：コナガについてはフェロモン防除が実用化しています。小面積では効果が上がりませんので、最低三ヘクタール以上のまとまった面積で実施することが標準です。コナガだけにしか効果がありませんので、他の害虫が発生すれば別に防除が必要になります。

生育期の諸害虫の防除は発生状況を見て適宜行います。防除剤はりん翅目害虫が中心ですので同時防除が可能です。有機リン剤・合成ピレスロイド剤・IGR剤・ネオニコチノイド剤・BT剤などを使用しますが、多発期には防除回数が多くなりますので抵抗性を発達をさせないように、同一剤の連用や多用を避け、異なった系統の薬剤を輪番で使うローテーション使用が勧められています。

7.3　トマト（果菜類）

施設栽培と露地栽培では病害虫の発生はかなり違います。施設栽培ではトマトに限らず一般に降雨の影響を受けないので、病害よりも害虫の発生が問題になる傾向があります。また、施設栽培は同じ場所で毎年栽培しますので、土壌病害など連作障害的な病害の発生があります。トマト病害の多くは病徴が進むと萎凋、枯死するなど全身障害的な被害になります。また、高温期に栽培するので病徴の進展が早い特徴があります。

(1)　主な病害虫と被害

主な病害虫の加害と被害を表7・7、7・8に示しました。

＊病　害

苗立枯病、萎凋病、青枯病などは土壌伝染性の病害です。モザイク病、黄化えそ病はアブラムシ類やコナジラミ類（オンシツコナジラミ、シルバーリーフコナジラミ）が媒介するウイルス病です。いずれも生育不良や枯死を引き起こし収穫減につながります。斑点細菌病、かいよう病は種子伝染性で葉や果実に病斑ができます。葉かび病、輪紋病、うどんこ病は主に葉に発生し、葉の機能を低下させたり葉を枯らします。べと病、斑点病、灰色かび病は葉や果実に発病します。

＊害　虫

ネコブセンチュウ類が根を加害し生育を阻害します。毎年同じ場所で栽培する施設では

表7. 7　トマト病害の加害と被害

主な被害状況	病害虫名	被　　害
根に発生し生育不良あるいは枯死する	根腐病、苗立枯病、白絹病、萎凋病	生育不良、枯死による減収
全身の生育が悪くなったり枯死する	ウイルス病、半身萎凋病、かいよう病、青枯病	生育不良、枯死による減収
葉や茎に病斑ができ萎凋又は枯死する	葉かび病、輪紋病、斑点細菌病、疫病、斑点病、白絹病、うどんこ病、かいよう病、萎凋病、斑点細菌病	生育不良、枯死による減収
果実に病斑を作ったり腐敗させる	灰色かび病、疫病、かいよう病、白絹病、斑点細菌病	果実の販売不可あるいは品質低下

いったん発生すると永続的に防除が必要になります。

コナジラミ類、アブラムシ類は葉に寄生して葉の機能を低下させるとともにウイルス病を媒介します。また、排せつ物によってすす病菌が発生し、葉や果実が黒く汚れ同化作用の低下や汚れによって果実の品質を低下させます。トマトサビダニは微小で、葉に寄生し葉の機能を低下させますが、果実を加害すると果実表面がさび状になり品質が低下します。これらは施設栽培で発生が多い特徴があります。

オオタバコガ、タバコガはトマト

表7.8　トマト害虫の加害と被害

主な被害状況	病害虫名	被　　害
ウイルス病を媒介する	シルバーリーフコナジラミ、タバココナジラミ、アブラムシ類、アザミウマ類	生育不良あるいは枯死による減収
葉、茎、花、果実を食害する	オオタバコガ、タバコガ、ハスモンヨトウ	果実の販売不能あるいは品質低下
葉を食害又は加害する	テントウムシダマシ、マメハモグリバエ、トマトハモグリバエ	同化作用低下による減収
葉、茎、果実を吸害する	トマトサビダニ、アザミウマ類、カメムシ類	同化作用低下による減収と果実の品質低下
葉、茎を吸害するとともに排せつ物に発生した菌で葉や果実が汚れる	オンシツコナジラミ、アブラムシ類、シルバーリーフコナジラミ	同化作用低下による減収及びすす病菌による汚れで果実の品質低下

の葉や花を食べますが、果実の中に食入することもあり、こちらの被害の方が重大です。主に露地や雨よけ栽培で被害がありますが、施設栽培でも侵入されると被害が続きます。

(2)　防除の実際

防除方法はメニュー方式です。栽培時期や施設栽培と露地栽培では発生病害虫や発生量が違いますので防除回数は決まっていません。必要に応じて適宜行います

＊病　害

播種前・育苗期：土壌伝染性病害を予防するには無病種子を用います。萎凋病、半身萎凋病、根腐萎凋病は抵抗性品種または抵抗性台木に接ぎ木した苗を用います。また、苗立枯病、青枯病には土壌消毒が必要です。これらは発生してしまうと薬剤散布では防げませんので耕種的手段が大切です。

生育期：ウイルス病は生育初期に感染するほど症状が早くでて被害が大きくなりますので幼苗期の防除を徹底します。また、発病株は伝染源にならないように早く除去します。ウイルス病そのものは薬剤では防除できません。

葉や果実に発生する病害は薬剤防除が主体です。高温期は急速に発生が広がりますので予防を基本にして早期防除がポイントです。施設栽培では露地栽培よりは病害が発生しませんが、灌水などで湿度が高くなると多発します。一般には薬液を散布しますが、施設栽培では薬剤を燃焼させるくん煙防除も行われます。

＊害　虫

育苗期〜定植時：この時期はコナジラミ類、アブラムシ類などウイルス病媒介昆虫の飛来防止や防除が必要です。吸汁すると短時間で感染が完了しますので、網掛けなどで虫を遮断することも必要です。アブラムシ類は定植時に植穴に粒剤を処理すると、初期の発生を防ぐことができます。

生育期：施設栽培ではコナジラミ類は黄色を好みますので、これに不妊効果がある薬剤を処理した黄色テープを施設内に張る防除方法が最近でてきました。これ以外の防除は施設・露地栽培とも薬液の散布になります。

オオタバコガ、タバコガ、ヨトウムシなどは幼虫が大きくなると駆除の効果が劣りますので、できるだけ小さいうちに薬剤で防除します。

施設栽培ではオンシツコナジラミに対し、寄生蜂を利用した防除があります。寄生蜂は農薬として販売されています。しかし、利用した施設ではこの天敵に有害な殺虫剤が使用できなくなりますので、他の害虫が発生した場合はどちらかに制約がでます。

7.4　リンゴ（果樹）

果樹は致命的な被害を及ぼす病害虫が多い作物です。特にリンゴでは発芽前から収穫までの期間が約八カ月と長く、防除の必要な期間も長くなってしまうのが特徴です。

(1)　主要病害虫とその被害

日本の本格的なリンゴ栽培は明治初期にアメリカ合衆国から苗を導入したのが始まりです。この時に苗とともに持ち込まれた病害虫と、在来のバラ科植物の病気や虫が主要病害虫になりました。防除薬剤があまりなかった明治、大正時代は病害虫の被害果が八〇%にも達したという報告もあります(4)。

リンゴの主な病害虫の加害と被害を表7・9、7・10に示しました。

＊病　害

果実を腐敗させる輪紋病、炭疽病は最も警戒しなければならない病害です。降雨の多い年に多発し、感染期間が二カ月以上の長期に及びます。また、果実に病斑を作る黒星病、すす斑病、斑点落葉病、黒点病は、果実は腐りませんが外観が悪くなり、通常の価格では販売できません。

斑点落葉病、褐斑病、黒星病は葉にも発病し、特に斑点落葉病と褐斑病は落葉しますので果実の肥大や樹体の維持に影響します。

腐らん病は昔から難防除の病害の一つで、太い枝や樹が枯死します。紋羽病は根が腐り、樹が衰弱したり枯死します。

表7.9　リンゴ病害の加害と被害

加害の状況	病害虫名	被　害
根が腐敗する	紋羽病	樹体の衰弱、枯死
幹・枝が腐敗する	腐らん病、胴枯病	
花・葉・果実が腐敗する	モニリア病	結実不足（減収） 葉、芽の不足による樹の生育阻害
果実が腐敗する	輪紋病、炭疽病	減収
葉と果実に病斑ができる	斑点落葉病、黒星病、黒点病、赤星病、褐斑病、すす点病、すす斑病、うどんこ病	病斑による果実の品質低下 樹の生育及び果実の肥大阻害
落葉する	斑点落葉病、褐斑病、黒星病	樹体衰弱、果実の肥大阻害

＊害　虫

シンクイムシ類は果実の中を食い荒らす害虫で、一匹食入しても売り物になりません。防除の手をゆるめると増加し、無防除では数年間でほとんどが被害果になります。ハマキムシ類、ケムシ類の幼虫は主に葉と果実を食べます。カメムシ類、セミ類は果実に口針を差し込んで吸害し、果実が凹凸になるなど品質が低下します。このほか、アブラムシ類、カイガラムシ類などが重要害虫です。

ハダニ類は多い時には一葉に二〇〇匹以上も寄生し、葉の同化作用を妨げます。高温期には十日間で数十倍に増

表7.10　リンゴ害虫の加害と被害

加害の状況	病害虫名	被　害
果実を食害又は吸害する	シンクイムシ類、ケムシ類、ハマキムシ類、モモチョッキリゾウムシ、クワコナカイガラムシ、カメムシ類、セミ類	減収及び品質低下
葉の中に寄生する	キンモンホソガ、ギンモンハモグリガ	樹の生育及び果実の肥大阻害
葉を食害する	ハマキムシ類、ケムシ類、ハダニ類	
葉や枝に寄生して樹液を吸汁する	カイガラムシ類、アブラムシ類	生育阻害と排せつ物による果実の汚れ（品質低下）

え、葉の色が変わり落葉もします。有効な防除剤が十分でないので、難防除害虫に位置付けられています。

(2) 防除の実際

時期を追った防除暦に従って行っています。県により違いがありますので、長野県を事例として紹介します。

標準防除暦は主要病害虫がすべて被害をだす程度に発生することを想定し、防除回数は年十三回で組まれています。十三回以上防除する地域はなく、病害虫の発生状況や作業の都合で省略されることもあり、収穫期の遅い品種「ふじ」で八〜十二回程度です。

休眠期：休眠期は春に発芽するまでの冬期間です。腐らん病は生育期の防除に決め手がありませんので、この時期に防除します。リンゴハダニの越冬卵が多い場合も防除が必要になります。

発芽〜落花後まで：寒冷地では花や幼果を腐らせるモニリヤ病が重要です。また黒星病は開花前と落花後が特に重要で、防除は省略できません。この二病害を重点に赤星病、うどんこ病を含めた防除になります。

害虫は主にヒメシロモンドクガなどのケムシ類やハマキムシ類などりん翅目の幼虫が中心で、開花直前か落花期のどちらかで防除すればすみます。この時期は受粉をしてくれる花粉媒介昆虫（主にハナバチ類）の活動期ですので、これらを殺さないようにしなければなりません。ハチ類に影響がない生物農薬のＢＴ剤や、ＩＧＲ剤（昆虫生育阻害剤）を用います。

シンクイムシ類、ハマキムシ類のフェロモン防除を行う園ではこの時期にフェロモン剤を処置します。これで多発を防ぐことができ、発生が特に多くなければ防除を削減できます。

六〜八月：梅雨期、高温期ですので病害の多発期です。果実を腐敗させる輪紋病、炭疽病、落葉につながる斑点落葉病が重点の防除になります。その後は落葉につながる褐斑病や斑点落葉病、果実に発生するすす点病、すす斑病の発生が続きます。防除はおよそ二週間間隔（月二回程度）でなされます。

害虫も大きな被害を及ぼすものがでてきます。六月はクワコナカイガラムシ、キンモンホソガ、リンゴコカクモンハマキとユキヤナギアブラムシ、リンゴワタムシなどのアブラムシ類が防除期です。

シンクイムシ類は七月に入ると産卵が始まり、九月上旬まで続きます。幼虫が果実に食入すると防除できませんので予防的な防除になります。防除のやっかいなナミハダニ、リンゴハダニも発生が最盛期になります。

九月以降：九月に入ると秋雨で再び病害の感染期となり斑点落葉病、褐斑病、すす点病、すす斑病の後期発生があります。ここで被害がでると今までの努力が報われません。害虫は発生の峠を過ぎ、それほど問題になりません。九月の防除は最終防除になります。防除剤は収穫期が近いものがあると薬剤の痕跡が残るものや、残留しやすい薬剤は使用できません。

防除の程度は病害虫の発生状況にもよりますが、消費者の要望も大きな理由になります。被害の痕跡が少しでもあると嫌う消費者が多ければ、生産者はより防除を強化しなければなりません。必要以上の防除をしないためには消費者の品質に対する意識改革も必要です。

防除回数と安全性は必ずしも一致しません。どんなに少ない回数であっても、使ってはならない薬剤や誤った使い方をしたのでは安全性は守られません。また、正しい防除を続けてきても最後の防除で安全性が守られないと残留基準量を超える結果になりかねません。この点は生産者側が必要以上に気を使わなければならないことです。

（北村泰三）

◆引用・参考文献

(1) 日本植物病理学会（編）：日本植物病名目録、日本植物防疫協会（二〇〇〇）
(2) 日本応用動物昆虫学会（編）：農林有害動物・昆虫名鑑、日本植物防疫協会（一九八七）
(3) 日本植物防疫協会：農薬を使用しないで栽培した場合の病害虫などの被害に関する調査報告（一九九三）
(4) 関谷一郎ほか：長野県植物防疫史、長野県植物防疫協会（一九七二）

第8章　環境保全の立場から見た有機農法と農薬

有機農産物やその加工品の市場規模は拡大していて、二十一世紀初頭には全世界で一兆円の規模になるといわれています。有機農法は、化学合成農薬、化学合成肥料、成長調整剤および飼料添加物の大部分を排除するか、全く使わない農法です。日本では一九九二年十月に表示ガイドラインが制定されましたが、その当時に、農林水産省が調査したところ、有機農業を実施している農家は〇・〇二％で、その後、日本の有機農法の取り組み事例が徐々に伸びているとはいうものの、欧米のようには進んでいません。

農薬を多用した際の問題点を表8・1に示しましたが、農薬の多用は作物の生産コストの増大や生産者の安全、生産物の安全、環境の安全といった三つの安全面で問題になっています。こうした面で、先進開発国による発展途上国への援助は十分でなく、三つの安全面で綿密な計画がなされていない農薬援助が、アフリカのある国で国際問題になった事例もあります。イン

表8.1　農薬を多用した際の問題点

1）生産コストの増大
2）害虫の生態的な変化
3）生物多様性の喪失
4）遺伝資源の枯渇
5）環境及び健康へのインパクト
6）抵抗性害虫及びそのリサージェンスの発生

（A. K. Raheja、1995から作成）[3)]

ド、パキスタン、スリランカ、バングラデシュ、ネパールでは経済事情から安い薬剤しか購入できないので、先進開発国では使われなくなった有機塩素系の殺虫剤が使用されています。ネパールで生産された紅茶がヨーロッパに輸出され、検査の結果、有機塩素系の殺虫剤が検出され問題になったこともあります。生産コストの削減からも、農薬を極力使用しない農法が発展途上国で求められていますが、生産資材の低投入型農業の面では、日本は反面教師になっていて、あまり良いお手本ではありません。

1　アジアのコメ生産における農薬使用とＩＰＭ

一九九〇年のアジアの農薬市場の、世界市場に対する割合は二六・七％です。アジアで使用される農薬は殺虫剤の割合が高く、殺虫剤の農薬全体に対する割合は七八％（製剤）です。各作物ごとの

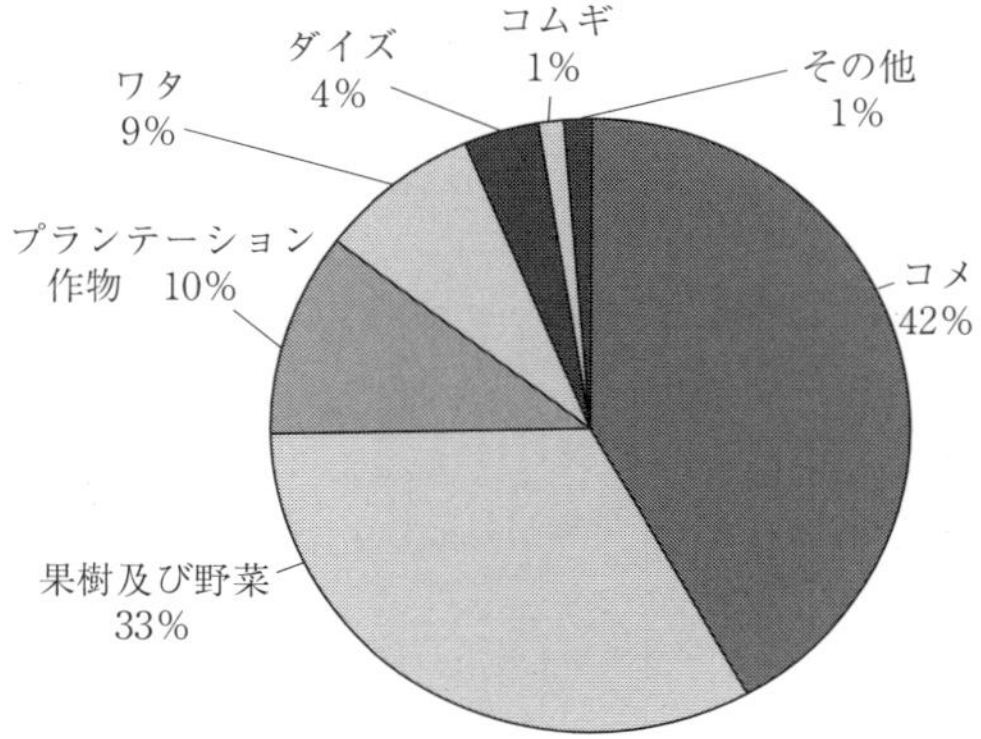

図8.1　アジアの各作物での農薬販売の割合
(GIFAP、1992を改変)[4)]

農薬販売金額の割合をみると、イネが一番高く四一・五%、次いで果樹と野菜の三三%で、両者で七四・五%を占めています（図８・１）。また、世界のイネ栽培で使用される農薬の九〇%はアジア地域で消費されていますが、アジアのイネ栽培で使用される殺虫剤の六〇%が、殺菌剤と除草剤は三分の二が、日本一国で消費されています（図８・２）。日本のイネ栽培における単位面積あたりの農薬使用量は世界一ですが、コメの生産量は農薬や肥料の投入量とは比例しておらず、コメの収量を二倍にするには、その十倍の資材を投入しなければならないといわれています。

ＦＡＯ（国連食糧農業機関）は、先進国が自国でどんなに農薬削減に取り組んでいても、発展途上国での農薬使用が減らないため、世界レベルでは

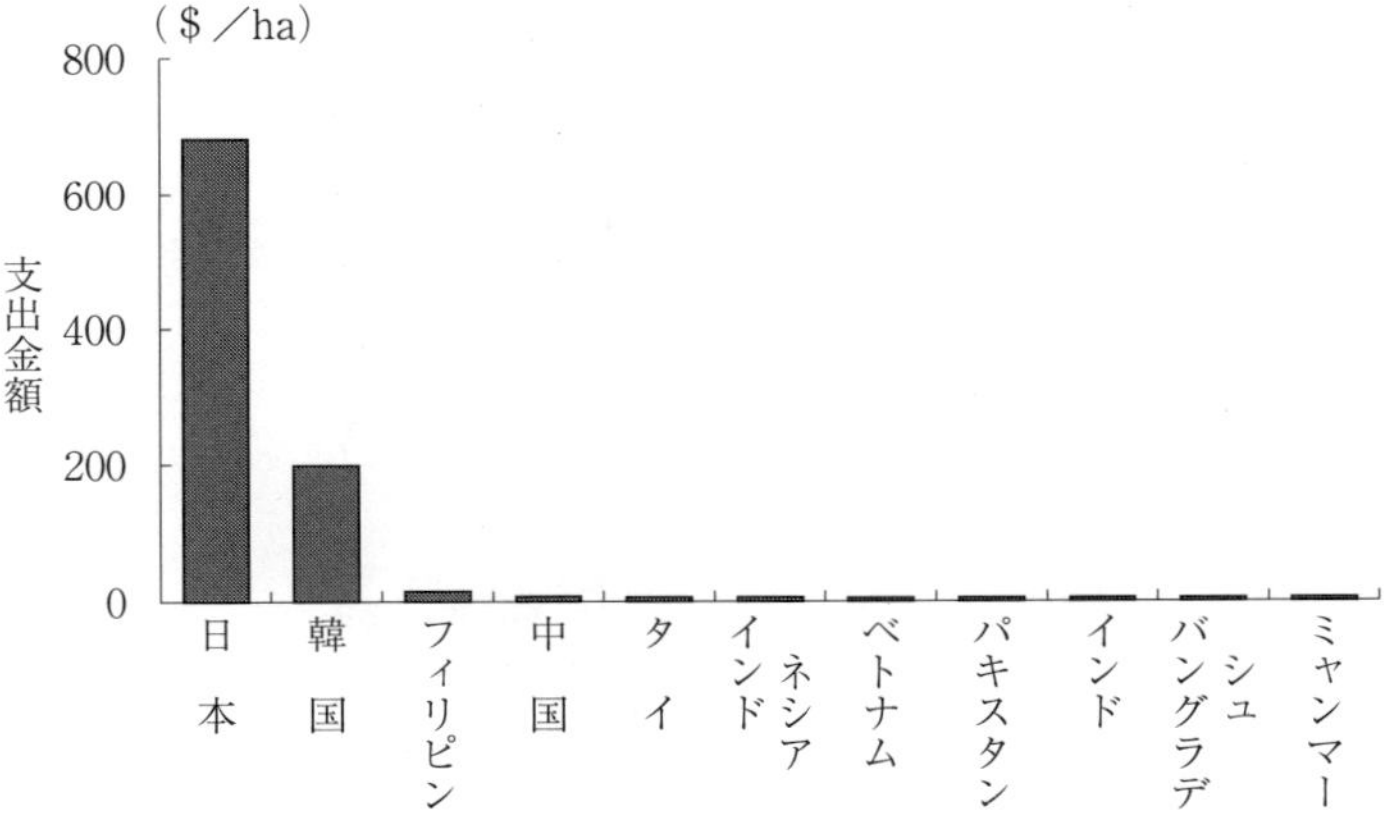

図8. 2　イネでの単位面積あたりの農薬支出金額
(Woodburn、1990)[6]

農薬使用量は増え続けると予想しています。健康や環境へのリスクを減らすため、先進国政府やＦＡＯは、発展途上国に農薬削減の技術移転を進めています。また、ＦＡＯはアジア各国で、コメ、ワタ、トウモロコシ、ソルガム（モロコシ類）および野菜栽培に対するＩＰＭ（有害生物総合管理）の普及を進めています。ＩＰＭは過剰な農薬使用を抑える重要な手段になっていますが、ＦＡＯのこうした活動は、農薬を販売促進しようとする側との軋轢（あつれき）も生んでいます。また、ＩＰＭは先進国で開発された技術であり、その実施のためには高い技術が必要なため、アジア各国の農民にそう簡単には受け入れられず、関係者の努力が続けられています。

２　ＩＰＭと有機農法

2.1　ＩＰＭ（有害生物総合管理）

ＩＰＭの大きな目標は、経済的で環境や人体への影響がより少ない手法で有害生物を防除することです。ＩＰＭの考え方は、（Ⅰ）病害虫および雑草の発生を予防するシステム、（Ⅱ）観察し意志決定するシステム、（Ⅲ）直接的な防除法の三つの分野からなります（表８・２）。

各分野は、さまざまな要素によって構成され、（Ⅰ）は、病害虫・雑草の対抗生物（害虫では天敵）の働きの増強、耕作地の選定、輪作、抵抗性品種の利用、耕種法、肥培管理、灌水管理です。（Ⅱ）は、経済的許容水準、予察システム、診断、エキスパートシステム、偵察、トラップによるモニタリングです。（Ⅲ）は、化学的防除資材、生物的防除資材、物理的防除資材、使用量や時期などの最適化手法、適正で安全な処理方法です。ＩＰＭを実施するうえで求められる条件として、①地域的に適合している、②コストと利益のバランスが適当である、③環境保全の面で問題がない、④社会的に受容されている、の四点があげられています。このようなＩ

表8.2　総合作物管理（IPM）を構成する基本要素

（Ⅰ）　予防（間接的方法）
　①　地域性（適地適作）
　②　輪作
　③　抵抗性品種の利用
　④　病害虫雑草の対抗生物（害虫では天敵）の働きの増強
　　・天敵の生息環境管理
　⑤　耕種法
　　・作物管理と環境衛生
　　・誘因作物
　　・干渉作物
　⑥　肥培管理
　⑦　灌水管理
　⑧　収穫と保管

（Ⅱ）　観察（意志決定手段）
　①　作物の調査
　②　判断を支えるシステム
　　・経済的許容水準
　　・予察システム
　　・診断
　　・エキスパート・システム
　　・偵察（スカウティング）
　　・トラップによるモニタリング
　③　地域別管理

（Ⅲ）　実施（直接的方法）
　①　耕種・物理的防除
　②　フェロモン
　③　生物的防除
　④　化学的防除

（Ciba R & D、1996及び GCPF、1992から作成）[5]

ＰＭの概念は、欧米では発達していますが、日本ではＩＰＭを実践している農家は極めて少ないのが実情です。

有機農法が経験主義的で、農薬や化学肥料の使用を完全に排除しているのに対し、ＩＰＭは農薬や化学肥料の使用を排除していません。また、有機農法では「遺伝子組み換えによる抵抗性品種」を利用しないことになっていますが、ＩＰＭでは必ずしも排除していません。これ以外の点では、両者にはかなりの共通点があり、有機農法の技術はそのままＩＰＭに適用できます。有機農法では病害虫の発生の予防に重点をおいており、この点でもＩＰＭと有機農法とは共通しています。しかし、有機農法が発達していない日本ではＩＰＭの発達も難しいといえましょう。

2.2　有機農法

(1)　地域性および品種の選択

作物の種類や品種の選択にあたっては、気候、土地（土壌）、地勢などの条件に合ったものを選び、その品種は病害虫抵抗性をもつ系統が求められます。遺伝子操作した種子や種苗の使用

図8. 3　畑の周辺に配置された、天敵を温存する植生帯（オランダ、ネーゲル）[2)]

は全面的に認められておらず、合成農薬、放射線照射、マイクロ波で処理された種苗の使用も、一部を除いて認められていません。

(2)　輪　作

土壌肥沃度の維持、硝酸塩流亡の減少、雑草および病害虫の削減が目的で行われます。異なる作物のローテーションは、土壌中に生息する病原菌、線虫、害虫などの病害虫の増殖を抑制するばかりでなく、雑草をも抑制するといわれています。また、土壌肥沃度を維持するために、マメ科の植物などを輪作体系に組み込むこともよく行われます。たとえば、オランダ、ネーゲルの実験農場では、クローバー↓コムギにクローバーの間作↓ニンジン↓ネギ↓セロリ↓ジャガイモといった輪

図8. 4　イチゴの害虫防除のためのバキューム・カー（畑は100ha くらい）（カリフォルニア州、サリーナス）[2)]

作体系を組んでいます（図８・３）。

(3)　植生管理

天敵が生息できるような植生帯を配置し、その働きを助長します。ヨーロッパではヘッジロウと呼ばれる生け垣が推奨されています。畑の周囲にマメ科、キク科、イネ科などを混播した植生帯を設けて天敵相を豊かにしており、天敵に花粉や蜜、餌の昆虫やすみかを提供しています。日本では圃場が狭く、このような植生帯は設けづらいというのが実情です。

(4)　耕種法

雑草や害虫の管理は農薬の代わりに機械を使って行います（図８・４）。機械除草は雑草や植物残渣を土で覆いますので、雑草や病害

図8. 5　セロリ畑で使われていた除草用管理機
（日本の20a 程度の畑ではこのような小型機種がよく使われる）（愛知県知多半島）

虫発生の抑制に有効です。日本では狭い畑に合わせて，図8・5のような小型の除草用管理機が使われています。耕起は土壌の流亡を起こすこともあり，狭い地形の地域では等高線に沿った耕起が求められたりします。

雑草防除は，輪作や機械除草のほか，刈り取った草などで地表面を覆ったり，数種の作物を交互に間作したり，早期の苗床準備と早期の畝立てなどによって抑制します。数種の作物を交互に植栽する方法は，植物どうしの干渉作用を利用したもので，土壌養分の有効活用にもなっています。

(5)　施肥と灌水管理

窒素の過剰供給は病害虫や雑草の発生を助長するので、バランスのとれた施肥が求められます。また、排水が悪いと多くの土壌病害を誘発しますので、適正な排水管理が求められます。灌漑水も病害虫の発生を助長したり抑制したりするので、野菜では畝を高くして、土壌中の天敵や拮抗微生物に湛水の悪影響が及ぶのを回避します。

(6)　その他

耕作地は、農薬などの飛散や灌漑・排水による農薬に汚染された水の流入を防ぐため、慣行農法の農地から適度に離れていることが求められますが、日本は土地が狭く、このような措置が取りにくいといった問題があります。また、土壌浸食を防いだり、土壌および水質を保全するため、過剰な水の使用や表流水および地下水の汚染防止も求められます。

(7)　病害虫の防除資材

有機農法で使用される防除資材には、化学農薬の使用は許されません。防除資材はあらかじめ決められており、その使用に制限のあるものと、制限がないものがあります。制限がないものとしては、捕獲トラップ、有色粘着トラップ、植物由来の忌避物質、珪酸塩類、プロポリス、ベントナイト、カリウムせっけん、ゼラチン、動的生態調整剤などがあります。

制限のあるものは、害虫の捕食者や寄生者（その地域の生態系に影響を与えるおそれがでてくるため）、ウイルス、真菌類、細菌製剤および不妊化した昆虫の雄（その地域の生態系に不可逆的影響を与えるため）、さらに、ニーム・オイル（インドセンダンから採取される油）、ロテノン（デリス根）、除虫菊、リアニア、ニコチン、カシアなど、植物由来の防除剤であっても、天敵などへの非標的生物への影響を考え、使用に制限が設けられているものがあります。

3　減農薬への取り組み

二〇〇二年に問題となった無登録農薬や登録外農薬の使用は、日本では無秩序な農薬使用が行われているのではないかというような消費者の不安をかき立てました。先に、日本は単位面積あたりの農薬の使用量が多く、有機農法の実行も難しいことを述べました。群馬県倉渕村や千葉県山武町のように、多くの農家が有機農産物栽培に取り組んでいる地域もありますが、そうした地域は全国ではごく少数であるのが実情です。

消費者の不安を少しでも解消するため、植物や微生物由来の殺虫剤を使ったＪＡＳ法に適合した殺虫剤の削減技術や、畑や田に生息する土着天敵を殺さずに、その天敵を保護して働いてもらう手法などがあります。土着天敵が多数生息している畑と、殺虫剤を頻繁に使って土着天敵がいなくなった畑を比較しますと、土着天敵がいない畑では殺虫剤に強い害虫が高い密度で変動するのに対し、土着天敵が多数生息している畑では殺虫剤に強い害虫は低い密度で変動します。そこで、選択性殺虫剤を使用して土着天敵を殺さないようにし、殺虫剤で防除が難しい害虫を、作物に被害がでない程度の密度に抑えることで減農薬を実現するのです。次にその手法について紹介します。

3.1　アブラナ科野菜の場合

天敵に抑えられている時は多発しませんが、天敵を殺してしまう殺虫剤を多用すると天敵が減り、害虫が多発してしまいます。キャベツやブロッコリーの場合を例に考えてみましょう。アブラムシが発生して殺虫剤をまくと、コナガの天敵のクモが死に、コナガが生き残ります。するとと次にはコナガ対策のために別の殺虫剤の散布が必要になります。天敵のクモがいなくならなければコナガの防除は必要なかったのに、アブラムシ対策の殺虫剤をまいたために、コナガに対しても殺虫剤をまく必要がでてきてしまったのです。このように、ある種の殺虫剤をまくことによって、さらに他の殺虫剤が必要になり、殺虫剤と害虫のイタチゴッコになってしまいます。もし害虫防除にクモへの悪影響が少ない殺虫剤を使うことができれば、そうした問題は起きません。このように、天敵に悪影響が少ない殺虫剤を選択性殺虫剤といい、選択性殺虫剤を中心に防除薬剤を使用することで土着天敵が温存され、天敵が活躍してくれるので、結果的に殺虫剤の使用回数を減らすことができます。キャベツで使用できるこのような殺虫剤は、除虫菊乳剤、スピノサド水和剤、ＢＴ剤です。

3.2　ナスの場合

キャベツではクモなどの捕食性天敵が重要でしたが、ナスではヒメハナカメムシという三ミリほどの捕食性天敵が活躍します。したがってナスに使用する選択性殺虫剤は、ヒメハナカメムシに悪影響を及ぼさないものでなければなりません。まず定植後（関東では五月頃）に、アブラムシ対策として除虫菊乳剤を処理します。また、ハダニの発生を抑えるためにヒメハナカメムシに悪影響がないハダニ対策のダニ剤として、コロマイト水和剤を七～九月に二回散布します。その結果、ヒメハナカメムシなどの天敵類が他の害虫の発生を抑えてくれるので、農薬の散布回数が大幅に減ります。この方法で、ナスでは通常と比較して殺虫剤散布回数を二分の一から四分の一以下に抑えることが可能です。

4　有機農法の技術移転

先進開発国での有機農法は、有機物、機械やそのエネルギーを必要としていて、耕地にはそれらが多く投入されています。一方、熱帯地域では農薬を購入する資力がない農民も多く、そうした国からは農薬を使わなくてすむ病害虫防除手法の技術移転が、先進開発国に求められています。有機農法は防除に金を使わなくてもすむ農法で、こうした面での日本の取り組みが大いに求められています。有機農法自体は農薬を使わない農法ですが、有機農法への取り組みは農生態系への理解を深めるのに役立ち、日本での農薬利用にも好影響を与えることでしょう。日本の有機農法が欧米並みに普及し、そうした技術援助を望む熱帯地域の人々に役立てられるようになることを願ってやみません。

（根本　久）

◆引用・参考文献

(1) 根本 久（編）：天敵利用で農薬半減、農文協（二〇〇三）
(2) 根本 久：天敵利用と害虫管理、農文協（一九九五）
(3) Raheja, AK: Practice of IPM in South and Southeast Asia. *In* "Integrated Pest Management in the Tropics", ed by, Megech, AN, Saxena, KN and Gopalan, HNB, pp. 69–120. John Wiley & Sons, Chichester (1995)
(4) 世界農薬工業会：Objectives & Stracture—AsiaWorking Group, Pulication of International Group of National Associations of Manufactures of Agrochemical Products, Brussels (1992)
(5) 日本農薬工業会（訳）：総合的有害生物管理—作物保護業会の進む道、世界作物保護連盟（Brussels）（一九九二）
(6) Woodburn, AT: The current rice agro-chemicals market. *In* "Pest Management in Rice", ed Grayson, BT, Green, MB and Cropping, LG, pp. 15–29. Society of Chemical Industry, Elsevier Applied Science, New York (1990)

第9章　アジアの農産物生産と農薬事情

近年、わが国では多くの国々から野菜を輸入するようになりました。しかし先般、中国から輸入された冷凍野菜（ほうれんそう）の一部に、日本における残留基準値以上に農薬が検出されたことは消費者に多大な不安を与えました。日本に農産物を輸出しているアジア諸国において、農薬の登録制度はどうなっているのか、そしてどのように使われているのか、その実態が気になるところです。

本章では、アジア諸国の主要農産物の栽培と病害虫防除の実態について日本のそれと比較し、それらの問題を明らかにしたいと思います。

1　主要作物の栽培と病害虫の発生

農薬の使い方は、その対象となる作物の栽培体系とそこでの病害虫の発生動向によって異なりますので、最初にアジア地域における主要作物の栽培様式の特殊性についてみてみます。

コメはアジアにおける主要農産物です。世界のコメの栽培面積は約一億五千万ヘクタールあり、精米換算で三億九千万トンの生産がありますが、面積も生産量も、そのうちの約九〇%は日本を含むアジア地域が占めています。作付面積ではインド、中国、バングラデシュ、インドネシア、タイの順に大きく、生産量では中国、インド、インドネシア、バングラデシュ、ベトナムの順です。単収を国別にみると大きく四つのグループに分けられ、最も高いグループはアジア以外のエジプトとオーストラリアでヘクターあたり六トン前後であり、次のグループが日本、韓国、中国で四～五トン、三位がインドネシア、ベトナムの三トン弱で、その他の国は二・五トン以下です。生産量と消費量のバランスをみてみますと、アジア全体では若干生産量のほうが上まわります。アジア地域での主なコメの輸入国はインドネシア、フィリピン、バングラデシュで、輸出国はタイ、ベトナムです。一九八〇年代半ばまで米不足に直面していたベトナムが、一九八六年からのドイモイ（刷新）政策により、一九九八年より米国を追い越してタイに次いで第二位となっています(1)（表９・１）。

日本のコメの輸入についてはＷＴＯ（世界貿易機関）の場で、その輸入関税率、ミニマムアクセス（最低輸入枠）が熱い論議を呼んでいますが、多くの国が日本のコメ市場への参入を狙っています。たとえば、中国、タイ、ベトナムでは将来に向けてのジャポニカ米の生産意欲が高まっており、全体からすればわずかですが、コシヒカリの栽培が徐々に増加しています(2)。

次に、病害虫や雑草の発生について見てみます。アジアの稲作は基本的にはモンスーン（東南アジアに吹く季節風）による豊富な雨水を利用し、かつ雑草害を回避するために移植栽培が主に行われています。近年では、灌漑の普及とともに日本、韓国、中国の北部を除けば年二回、地域によっては（ベトナム南部、タイ中部）年三回栽培されています。これは一年中イネが栽培されているということですので、それを加害する病害虫も年中発生しているということになります。イネの代表的な害虫であるニカメイガを例にとれば、日本ではイネは通常年一回しか栽培されないので、冬を越した幼虫が五月下旬に羽化して（蛾となって）、移植後のイネに卵を産みつけ、その幼虫がイネの茎を食べて育ち、八月には蛾となって、また卵を産みます。幼虫は茎を食べて育ちますが、そのまま茎の中で冬越しします。しかし、東南アジアの熱帯地域では温

表9. 1　アジアの国々におけるコメの生産と消費（2003年）

国　名	収穫面積（1, 000Ha）	収　量（MT/Ha）	生産量（1, 000MT）	輸出量（1, 000MT）	輸入量（1, 000MT）	消費量	
						全　体（1, 000MT）	年1人あたり（kg）
インド	44, 000	2. 02	89, 000	2, 750	0	85, 250	81. 2
中　国	27, 300	4. 32	118, 000	2, 500	300	135, 000	104. 9
インドネシア	11, 500	2. 90	33, 300	0	3, 500	36, 950	157. 3
バングラデシュ	11, 100	2. 34	26, 000	0	600	26, 400	190. 7
タ　イ	10, 300	1. 73	17, 800	8, 000	0	10, 200	158. 7
ベトナム	7, 320	2. 87	21, 000	4, 000	40	17, 700	216. 8
ミャンマー	6, 400	1. 63	10, 440	500	0	10, 200	239. 9
フィリピン	4, 100	2. 07	8, 500	0	800	9, 700	114. 6
パキスタン	2, 200	2. 05	4, 500	1, 550	0	2, 750	18. 2
日　本	1, 680	4. 23	7, 100	200	700	8, 658	68. 1
韓　国	1, 016	4. 43	4, 500	100	160	5, 016	103. 9
スリランカ	810	2. 60	2, 108	0	90	2, 180	110. 4
マレーシア	675	2. 25	1, 520	0	500	2, 010	87. 0
台　湾	290	3. 93	1, 140	90	125	1, 150	50. 9
その他	4, 873	1. 65	8, 037	10	1, 330	9, 355	81. 3
アジア計	133, 564	2. 64	352, 943	19, 700	8, 145	362, 519	103. 9
エジプト	615	6. 34	3, 900	700	0	3, 300	44. 2
オーストラリア	60	5. 97	358	200	60	380	19. 3
米　国	1, 205	5. 12	6, 174	2, 848	508	3, 882	13. 4
世界合計	149, 128	2. 61	389, 274	25, 124	24, 778	411, 981	65. 4

コメ；精米換算（籾×0. 65）　鳥取大学　伊藤研究室ホームページ；世界の食料統計（世界のコメ統計）　原資料；コメ統計－米国農務省（USDA）PS&D View, October 2003.

図9. 1　ベトナム、ハノイ郊外の水田（写真手前側 コブノメイガの被害）（2001年８月）

度が高いので、幼虫は冬越しすることもなく、食べ物のイネがある限り発生をくり返すことになります。したがって、熱帯地域のニカメイガは、年間の発生回数が多く、一年中いつでもイネを加害します。[3]

また、アジアの熱帯地域では気象的に雨期と乾期の二つの時期があります。雨期は多湿のため病害微生物による病気が多くなりますが、病気によっては逆に温度が高すぎて発生が抑えられることもあります。このことは、たとえば日本、韓国、中国でイネの代表的な病害であるいもち病は、タイ、インドネシア、フィリピンなどの国では少ないことからも理解できます。一方、乾期は高温で乾燥しているため、病気の発生は極めて少ない状況です。したがって病気の発生状況は、先に述べました虫の場合とは異なります。

以上、稲作を例としてみてきましたが、野菜についてはどうでしょうか。日本、韓国では野菜は適期の露地栽培のほかビニールハウス、温室などの加温施設栽培が加わって周年供給されますが、年間を通じて高温なアジア地域では、高冷地で集約的に大規模な周年栽培が行われている地区があります。周年栽培ですと虫の発生も多くなり、さらに、高地の湿度は病原菌の発生にも好適なため、病害虫防除が大きな課題となります。一方、どこの国も同じように市場での価格の変動に伴う利潤を保つために、時期ごとに作物の種類も大きく変わります。作物種が変わると、時には病害虫の被害が軽いこともありますが、思わぬ被害を被ることもあります。価格の低落と病害虫の被害のために、野菜の栽培が途中で放棄されることもあります。いずれにしても、熱帯地域での野菜栽培は、病害虫防除の比重が高く、一方では価格変動が大きいので、収入が不安定で、大きなリスクを抱えて行われていると思われます。

2　農薬の使用状況

一般的に、アジア諸国での農薬の使用量は日本に比べるとかなり少ないとみられていますが、作物ごとの単位面積あたりの投下農薬量を比較できる統計はありません。したがって、かなり大雑把な把握の仕方になりますが、国ごとの農薬出荷金額を一つの目安として比較してみます。WOOD MACKANZIE(4)の調査報告では、二〇〇〇年の世界全体の農薬出荷金額は二七〇億ドルで、トップは米国の七十六億ドル、続いて日本の三十三億ドル、ブラジルの二十五億ドル、中国の十九億ドル、フランスの十七億ドル、韓国は第九位で七億ドルです。その他アジアの国の数値はすべて推定に基づく数値ですが、タイで二・五億ドル、ベトナム、インドネシア、マレーシアは一億ドル前後とみられます。この数値でみる限りでは、先に述べましたように栽培面積あたりの農薬投下量は日本に比べかなり少ないといえます。

またこのことは、生産物の価格に日本との大きな隔差があることや、経済性の面から当然のことといえます。生産物の価格はその品質にもよりますが、重量単位で決まることが多いので、農薬の使用を最小限にしつつ生産量を高める必要性があり、栽培にはそのための努力が払われているといえます。一方、農薬の価格も、日本や先進国とは隔差があります。特に、中国、インドなどで製造された特許切れ後発品（ジェネリック品）は、オリジナル製品の半分あるいはそれ以下の価格で販売されています。古くから使われていた農薬に対して抵抗性をもつ害虫や、特殊で高価な作物を対象にしたものを除いて、アジア地域ではこのような低価格の薬剤が一般的に使用されています。

農薬散布の回数は作物によってかなり違います（表9・4参照）。特に栽培面積が大きく、生産物価格の低い水稲栽培ではこのような農薬でもなおさら使用量は少ないと思われ、除草剤一回、殺虫・殺菌剤が一、二回程度使用されています。

しかしながら、タイ、マレーシア、インドネシア都市近郊や高冷地での野菜は、年間三〜四回同じ畑で作付けされています。虫も常時発生しており、一作につき、殺虫剤を多いときは十四、五回、最低でも七、八回散布します。したがって、多い場合は年間六十回も散布されるため、害虫は容易に薬剤に対する抵抗性を発達させることになります。

図9.2　インドネシアジャワ中部：Brebes地区
（タマネギ畑とシロイチモジヨトウの被害葉を手摘みする農家）（2003年7月）

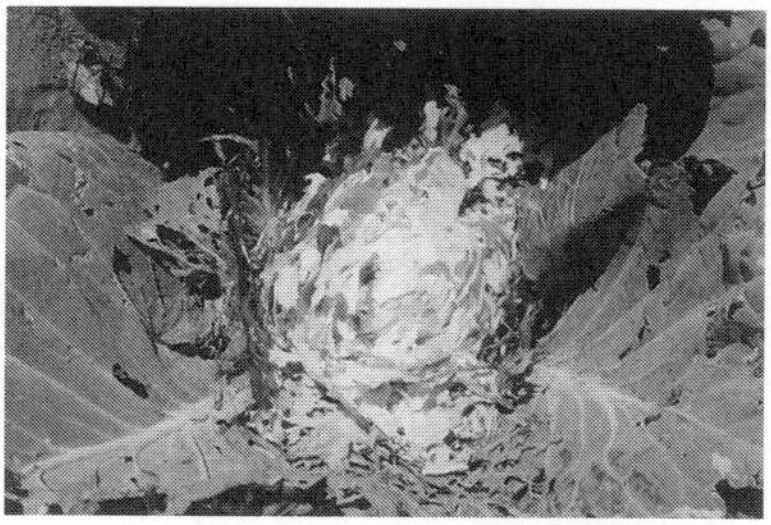

図9.3　インドネシアジャワ西部：バンドン市郊外
（コナガ、ヨトウムシの被害を受けたキャベツ）（2003年6月）

図9.4　タイ国 カンチャナブリ県
（害虫の被害甚大なため栽培途中で放棄されたキャベツ畑）

野菜の主な害虫はコナガとシロイチモジヨトウです。コナガはキャベツ、ハクサイ、チャイニーズケールなどのアブラナ科野菜に発生し、日本のみならず各国でも殺虫剤抵抗性が問題となっている害虫の一つです。コナガ以上に問題なのがシロイチモジヨトウで、アブラナ科野菜のみならず、タマネギ、エシャロット、トウガラシなど多くの作物を食害します。被害がひどい場合は地上部だけでなく、地下部まで完全に食べ尽くし、薬剤に対する抵抗性の発達も早く、最新の殺虫剤でも防除が困難となってきています。時に、害虫の発生が激しく、農薬の大量使用はコスト的に引き合わないため、栽培途中で畑に放棄されているハクサイやキャベツを見かけます。

また、タイでは、以前はバンコック近郊が野菜の一大産地でしたが、近年、害虫の薬剤抵抗性の問題から、栽培地域を北部や西部のミャンマー国境付近の地域へと移すようになってきています。

ほかにインドネシアのジャワ島西部におけるジャガイモの病害虫防除も、農家にとって頭の痛い問題となっているようです。ここでは病原菌名、または病気の名前はわかりませんが、ハモグリバエ防除のため一作十五、六回の殺虫剤と殺菌剤の散布を余儀なくされています。高冷地はジャガイモ栽培に適していますが、一九九五年に侵入してきたハモグリバエと、もともと甚大な被害を及ぼす病害の防除は、農薬の連続的散布以外には手段がないようです（表9・2）。このような状況の中で、先進国以上に新しい薬剤が使われている一方、古くて安い価格の薬剤も大量に使用されているというのが現状のようです。

農薬の使用方法については、大型の果樹を除いて、背負いの手動噴霧器により、乳剤や水和剤が幅広く散布されています。大半の農家には、薬剤を希釈する容器や薬剤を計る器具がないので少量包装（一〜一〇グラム）が普及しており、これを散布機のタンク（一〇〜一六リットル）に直接投入し、かくはんして散布します。

農薬の剤型については、殺虫剤・殺菌剤は日本と同じものですが、水稲用の除草剤は異なります。日本、韓国、台湾では通常粒剤が使用されていますが、アジア諸国では液剤散布が一般的です。また、中国では未だに毒土法（土に薬剤を混ぜ合わせ、これを粒剤のように手で散布する）も広く行われています。[5]

表9.2　主要作物における主要病害虫防除

作物	病害虫	防除回数/作								
		中国		台湾	韓国	ベトナム		タイ	フィリピン	インドネシア
		北部	南部			北部	南部			
イネ	メイチュウ類	0～1	2～3	1～2	2	0	2		1～2	1～2
	コブノメイガ	0	2～3	1～2	2	2～4	0	0～1	0～1	0
	ウンカ・ヨコバイ	0	2～3	2～3	1～2	0～1	2～4	2～4	2～4	2～4
	いもち病	1～2	1～2	2～3	2～3	1～2	2～3	0～1	0～1	0
	紋枯病	0	0	1～2	1～2	0	2	0	0	0
	穂枯れ(着色モミ)	0	0	0	0	0	2	0～1	0～1	1～2
野菜（果菜）トマト、キュウリ、ナス	アブラムシ類、コナジラミ	2～3	2～3	2～4	2～4	2～3	2～3	2～4	2～3	2～3
	アザミウマ類	2～3	2～3	2～4	2～4	2～3	2～3	2～4	2～3	8～10
	うどん粉病	2～4	2～3	2～4	2～4	1～2	2～3	2～4	2～3	2～3
	べと病	2～4	2～3	2～4	2～4	1～2	2～3	2～4	2～3	2～3
	炭そ病	1～2	1～2	2～4	2～4	1～2	2～3	2～4	2～3	2～3
野菜（葉菜）キャベツ、ハクサイ、ケール	鱗翅目(コナガ、ヨトウ類)	4～6	6～8	6～8	4～6	4～6	6～8	8～10	4～6	6～8
	アブラムシ類	2～3	2～3	1～2	1～2	2～3	2～3	2～4	1～2	1～2
タマネギ	シロイチモジヨトウ	0	4～6	0	0	0～2	4～6	8～10	4～6	20～25
バレイショ	アブラムシ類									2～4
	アザミウマ類									2～4
	ハモグリバエ									8～10
	疫　病									10～12
柑橘	ミカンハダニ	0	1～2	2～4	2～4	1～2	2～3	2～3	0～1	0～1
	ハモグリガ	0	1～2	1～2	1～2	1～2	2～3	2～3	1～2	1～2
茶	アブラムシ類	0	1～2	2～3		1～2	1～2			2～3
	ミドリヒメヨコバイ	0	1～2	2～3		2～3	2～3			2～3
	アザミウマ類	0	1～2	2～3		1～2	1～2			2～3
	炭そ病	0	1～2	1～2		0～1	0～1			1～2

3　農薬の登録制度と規制

アジア諸国の農薬取締制法（管理法）は一九七〇年代前半より整備されはじめ、その後逐次改定され、現在に至っています（表9・3）。日本以外の国でも、特に新規化合物の登録についての管理方式は日本と大きく変わりません。すなわち、登録申請時の要求資料も同様な内容であり、現地での生物効果試験の実施（通常二期三カ所以上）と、残留試験（作物、土壌について）の実施が義務付けられています。日本以外の国では、自国での安全性評価が困難なため、新規農薬の登録は日本、米国、ＥＵ（欧州連合）などの先進国で登録されていることを前提にしています。

一方、特許切れ後発品（ジェネリック品、me-too）の登録の取り扱いについては各国で大きな違いがあります。

表9. 3　東アジア地域の農薬管理法制定の時期

国　名	制定年
日　本	1949
韓　国	1957
台　湾	1972
中　国	1982
フィリピン	1977
ベトナム	1990
タ　イ	1973
マレーシア	1974
インドネシア	1973

日本では基本的に、後発品でも二年間の長期安全性評価資料などの提出を求めており、またオリジナル開発者の権利が守られています。しかし、その他の国ではその権利保護の期限があります。韓国では十五年、台湾は八年、中国では七年経過すれば、後発品は安全性の評価試験（特に二年間の長期毒性試験結果等）を提出しなくても、急性毒性資料を提出し、薬効試験を実施すれば登録することができます。この制度は台湾が一九八八年十二月より、韓国は一九九六年十二月より、中国では二〇〇一年四月より実施されています。したがってこれらの国では、すでに数多くのジェネリック品が登録、販売されており、特に中国製ジェネリック品がベトナム、タイ、インドネシアなどの国々で登録、販売されています。ジェネリック品は、新規開発のための投資やリスクが少なく、さらに多額の経費がかかる安全性評価試験が省略できるため、オリジナル品に比べ相当低い価格で供給されています。しかし、製造物責任についての所在が不明瞭で、薬剤そのものの安全性や安全使用対策について、責任の所在が明確でないものがあり、今後問題となることも考えられます。

さらに中国では、国内の農薬企業に対しては二年間の長期毒性試験資料でなく、三カ月の亜慢性毒性資料を提出すれば臨時登録（一年ごと更新、最高五年まで）できる制度があり、外国からの登録と国内企業からの登録について明らかに取り扱いが違っています。こうしたことについて、日本はじめ先進国から強いクレームがでており、先述のオリジナル品の先発登録の保護（七年間）も、二〇〇一年から実施されるに至っています。ベトナムでは二〇〇二年十二月の登録制度改定により、安全性評価資料について、ジェネリック品の登録会社はオリジナル品の会社の資料を借用する旨の証明書（同意書）の提出を義務付けることになりました。

次に、人畜毒性の高い薬剤や環境に悪影響が心配されるような薬剤について、アジア諸国ではどのような規制がなされているのでしょうか。

日本では一九七〇年初めにＤＤＴ、ＢＨＣなどの有機塩素系殺虫剤の製造と使用が中止されました。これらの農薬はアジア諸国ではその後十年ほど継続使用されていましたが、一九八二〜三年にかけて禁止となり、現在では世界的にも使用されていません。また、パラチオンに代表される急性毒性が強い薬剤は、近年使用禁止されるか、または一部で規制のうえ使用されています。しかしいずれの国においても安全上の視点から、使用禁止・規制品目として明確にリストアップされており、ベトナムでは農薬管理法の改正により、ＷＨＯ（世界保健機関）毒性基準クラスⅠの対象となる急性毒性が高い農薬原体の登録は今後受け付けないとしています。これからは安全使用対策の啓発とともに、より安全性の高い薬剤の選択が望まれます（表9・4）。

食品の安全性の視点からは、農薬が収穫された作物、コメや果物、野菜に、基準値以上に残

表9.4　アジアの国々における使用禁止、規制農薬

農薬			国名							
用途	化合物	一般名	中国	台湾	韓国	ベトナム	インドネシア	タイ	日本	USA
殺虫剤	有機塩素系	アルドリン	×	×	×	×	×	×	×	×
		ガンマBHC	×	×	×	×	×	×	×	×
		クロールデン	×	×	×	×	×	×	×	×
		DDT	×	×	×	×	×	×	×	(×)
		ディルドリン	×	×	×	×	−	×	×	×
		エンドリン	×	×	×	×	×	×	×	(×)
		ヘプタクロル	×	×	×	×	×	×	×	(×)
		マイレックス	−	−	−	−	−	−	×	△
		トキサフェン	×	×	×	×	×	×	×	−
		エンドスルファン	△	×	△	△	△	△	×	△
	有機リン系	メタミドホス	×	△	△	×	−	○	−	△
		パラチオンメチル	×	×	×	×	×	○	×	△
		パラチオン	×	×	×	×	−	×	×	△
		メビンホス	−	△	−	−	×	×	−	−
		モノクロトホス	×	×	△	×	×	×	−	−
		ホレート	△	△	○	−	−	×	−	△
		TEPP	−	−	−	−	−	−	×	△
	カーバメート系	アルジカルブ	△	×	−	−	×	−	−	△
		カルボフラン	△	×	○	△	○	○	−	△
	有機スズ系	シヘキサチン	×	×	○	−	×	×	−*	−

	有機ヒ素系	ヒ酸鉛	×	×	×	×	−	×	×	−
殺菌剤	有機ヒ素系	MAFA	○	×	○	△	−	−	−	−
	有機塩素系	ヘキサクロロベンゼン	×	−	×	×	−	×	×	○
		カプタホル	×	×	×	×	×	×	−*	−
		PCP	×	×	×	×	×	×	×	○
		PCNB	−	×	−	−	−	−	×	−
	有機水銀	水銀剤	×	×	×	×	×	×	×	△
	有機スズ系	酸化フェンブタスズ	○	×	○	−	−	○	−	△
除草剤	フェノキシ系	2, 4, 5T	−	−	×	×	×	×	×	△
	酸アミド系	アセトクロール	○	−	−	○	−	○	−	△
	ジフェニルエーテル系	CNP	−	×	×	−	×	×	×	−

＊日本国における使用、販売禁止及び無登録（他国で使用可）農薬
×；使用（販売）禁止、（×）；衛生用緊急以外使用禁止、△；使用規制、○；登録あり、−；登録なし
引用文献：ベトナム；List of pesticides permitted, restricted and banned to use in Vietnam (January 19, 2002)　USA；Farm Chemicals Handbook 2002　インドネシア；MOA Degree No. 434. 1/Kps/TP. 270/ 7 /2001dated July 20, 2001　中国；農業部農薬検定所；農薬登記公告集、対外貿易経済合作部2001年106号通知　台湾；行政院農業委員会；植物保護手帳　タイ；Notification of Ministry of Industry; List of banned pesticides (Type 4 Hazardous Substances)　日本；農薬取締法；使用禁止農薬（平成14年12月改正）、販売禁止農薬（平成15年３月５日改正）

らないようにしなければなりません。そのため、日本では農薬登録上、安全使用基準、すなわち、薬剤別に対象作物ごとの使用薬量、使用回数および使用時期（収穫何日前まで使用してよいか）が決められています。韓国の登録でも同様の基準が明示されており、台湾では使用時期・収穫前の最終施用時期について現地試験を実施し決定しています。ベトナムでは野菜、果樹、茶について残留試験を義務付けています（二〇〇二年十二月農薬管理法改正以降）。中国、その他のアジア諸国では、現地試験は省略されていますが、登録申請時にメーカー側の報告を要請しています。これらの状況から、収穫物の農薬残留基準を守るための適正使用の施策は、とられつつあるといえます。

4　アジア諸国における農薬の製造と流通

農薬の製造には原体（有効成分）の合成工程と、その原体をより有効に働かせるための製剤工程があります。通常、原体と製剤の製造は別々の会社で、製剤と販売は同じ会社で行われています。アジアの多くの国での農薬製造は、原体を海外から輸入し、主に自社工場で製剤し販売していますが、中国、インドでは後発品（ジェネリック品）の原体を自国内で合成することが近年急速に増加しています。これらの国では、使用される農薬のおおむね九〇%が国産で、残りが海外からの輸入です。韓国、台湾でも国内製造が一時期積極的に行われましたが、中国製と価格的に対抗できず減少しています。このことは、アジア諸国で使用される農薬の大半が近い将来、中国製やインド製のものとなることを示唆しており、先発会社の大きな脅威となってきています。

　農薬の販売については、いずれの国も同じような形態をとっています。すなわち、製剤・販売会社から卸売店、小売店を経由して農民の手に渡ります。韓国、台湾では、シェアは高くはないのですが日本の系統（全農―経済連―農協）販売と同様の販売ルートがあります。以前、中国やベトナムでは国家レベルでの一括購入、配給制度に似た販売が行われていましたが、現在は外貨を扱う輸入の部分で規制はあるものの、市場での販売は自由になってきています。

図9. 5　インドネシアジャワ中部：Brebes 地区
（農薬販売店、整然と陳列　コンピュータ管理）
（2003年７月）

　小売店と農家の関係をみると、農家の小売店に対する姿勢は次の三つがあります。一つは欲しい農薬を指定する農家、二つめはあまりこだわらない農家、三つめは一〇〇%小売店まかせという農家です。農家が使用する農薬を選択する決め手は、日本では農業試験場や普及所、農協の指導に従うことが多いのですが、東南アジアでは篤農家や指導者的な農民の意見が大きな位置を占めます。農薬の場合、一度使用すればその効果が確認されますので、指導的農民が試用して、良いと言うものを皆が使うようになるという場合が多いようです。

タイなどでは、中国系の高齢のオーナーは農薬についての技術的なことはあまりわからず、マージンが多い品物を農家に売ることで商売してきました。しかし、今の若い世代のオーナーは、農業大学や専門学校をでて、技術的な知識をもっていますので、農家からの信頼も厚く、農薬の販売方法にも変化が生じてきています。このような若い世代に代わることによって防除技術と農薬の安全使用の面でもレベルアップしつつあるといえます。

5　野菜の輸入動向と農薬残留

わが国の野菜は、一九七〇年代後半まではほぼ一〇〇%自給でしたが、一九八五年九月「プラザ合意」を契機とする円高、国内農業従事者の高齢化、労働力不足などによる野菜供給条件の悪化、消費需要の周年化、海外諸国の対日生産・輸出の積極化などを背景に、今日では野菜輸入は、大きく増大しています。現在、七〇以上の国より輸入されていますが、近年は中国、アメリカの二国（特に中国）への集中度がより強まっています。野菜総輸入量に占める中国のシェアは、一九九〇年には二五％でしたが、二〇〇二年には五一％を占めるまでになり、これにアメリカのシェア（一九九〇年二八％、二〇〇二年二一％）を加えると、野菜輸入の割合は七割強に達します。[14] 主要な品目として、中国からは生鮮野菜のゴボウ、ショウガ、ネギ、キャベツなどのアブラナ、ニンニク、サトイモ、エンドウ、リーキ、冷凍野菜のさといも、ほうれんそうなどは九〇％以上のシェアを占めます。また、ブロッコリー、セロリ、冷凍ばれいしょなどは、アメリカからの輸入が八〇％以上を占めています[15]（表9・5）。これらのうち、ゴボウ、サトイモ、ショウガなどの根菜類は病害虫も少なく、農薬散布もきわめて少ないのですが、キャベツ、ブロッコリー、ホウレンソウなど葉菜類は、害虫の加害も大きく、殺虫剤も散布されています。

二〇〇二年に中国からの冷凍ほうれんそうの一部に、基準値を超えるクロルピリホスが、東京都衛生試験所はじめいくつかの検査機関において検出され[17]、社会的にも大きな問題が提起さ

表9.5　2002年主要輸入野菜の国別シェア（%）

	品目	輸入量	中国	台湾	韓国	タイ	アメリカ	メキシコ	ニュージーランド	オーストラリア	その他
生鮮	タマネギ	154, 183	46. 3	0. 3	—	3. 1	41. 8	—	6. 3	1. 8	0. 4
	カボチャ	128, 474	—	—	0. 5	—	1. 6	19. 0	60. 0	1. 1	17. 8
	ブロッコリー	79, 877	13. 3	—	—	—	85. 5	0. 2	—	1. 0	—
	ゴボウ	74, 655	88. 2	11. 7	—	—	0. 1	—	—	0. 1	—
	ショウガ	40, 939	98. 5	—	—	1. 4	—	—	—	—	—
	ネギ	37, 386	99. 9	—	0. 1	—	—	—	—	—	—
	ニンジン及びカブ	37, 000	72. 0	4. 8	—	—	1. 1	—	11. 2	10. 8	—
	キャベツ等アブラ菜	26, 109	93. 7	—	6. 9	—	—	—	—	0. 2	—
	ニンニク	25, 891	99. 9	—	—	—	0. 1	—	—	—	—
	サトイモ	24, 897	100. 0	—	—	—	—	—	—	—	—
	ジャンボピーマン	22, 465	0. 1	—	31. 3	—	—	—	15. 1	—	43. 5
	アスパラガス	19. 363	0. 9	—	—	16. 0	14. 5	12. 0	5. 4	29. 4	11. 8
	エンドウ	13, 710	99. 8	—	—	0. 2	—	—	—	—	—
	リーキ、ワケギ	6, 514	98. 5	—	0. 4	—	—	—	—	0. 6	1
	セロリ	5, 328	6. 3	—	—	—	93. 7	—	—	—	—
	イチゴ	4, 937	—	—	14. 7	—	82. 9	—	1. 6	0. 8	—
	その他	106, 983									
	計	808, 711									
冷凍	ばれいしょ	26, 984	1. 9	—	—		80. 8	—	0. 8	—	6. 5
	えだまめ	69, 510	49. 8	33. 9	—	12. 7	—	—	—	—	3. 6
	さといも	49, 660	100. 0	—	—	—	—	—	—	—	0
	ほうれんそう等	22, 979	98. 7	—	—	—	0. 9	—	—	—	0. 4
	えんどう	17, 689	40. 5	—	—	0. 2	28. 4	—	30. 5	—	0
	ブロッコリー	17, 300	53. 0	—	—	—	0. 3	22. 2	—	—	24. 7
	その他	543, 648									
	計	747, 770									

野菜供給安定基金調査情報課：2002年　野菜輸入の動向、原資料；財務省「貿易統計」。

れました。その後、独立行政法人農林水産消費技術センターにおいて、二〇〇二年四月から二〇〇三年五月までの一年間に韓国、中国、台湾、タイ、フィリピンから輸入された、二七二のサンプルについて、残留農薬の分析が実施されました。その結果、中国からの冷凍ほうれんそうからクロルピリホスが二例、冷凍カリフラワーからメタミドホスが、また、生鮮スナップエンドウからシペルメトリンがそれぞれ一例、基準値以上に検出されました[18]（表9・6）。

なぜこのようなことが起きたのかを考察してみますと、その第一は、国内外での制度の不備ならびに差異があります。これは、以下の二つのことから明らかです。一つは、現在日本国内で登録されている薬剤のうち、その三分の一強の薬剤についての残留基準が設定されていないことです（登録農薬数三六五のうち二二九は基準値設定、一三四は未設定）。二つめは、日本における残留基準値と他国のその値との違いがあります。国際的な調和について、長年コーデックス委員会（FAOおよびWHOによって設置された委員会）で検討されており、約一三〇農薬の残留の国際基準が設定されています。しかしながら、それぞれの国で食生活（摂取食物の種類と量）が異なることから、すべての薬剤の残留基準値を一律に決定することには困難がつきまといます。

第二に、安全性に対する取り組みについて、国、地域、生産者、流通、指導者などの各段階

表9.6　輸入野菜の残留農薬分析結果

区分	生産地	検体数	残留農薬基準値を超過した検体数と品目、農薬（検出値）		分析品目（　）内は分析数
生鮮野菜	韓　国	38	0		ジャンボピーマン（21）、トマト（6）、シシトウガラシ（4）、エリンギ（1），キャベツ（1）、ズッキーニ（1）、マッシュルーム（1）、温州ミカン（1）、ナス（1）
	中　国	226	1	スナップエンドウ／シペルメトリン（0.07ppm）	スナップエンドウ（24）、ニンニクの芽（24）、サヤエンドウ（23）、生シイタケ（21）、ゴボウ（21）、ネギ（19）、ショウガ（19）、ブロッコリー（17）、ニンニク（17）、サトイモ（12）、タケノコ（6）、大葉（5）、エリンギ（5）、クワイ（3）、ヤマノイモ（3）、レンコン（2）、コリアンダー（2）、オクラ（1）、カリフラワー（1）、落花生（1）
	タ　イ	35	0		オクラ（20）、アスパラガス（11）、ヤングコーン（3）、ゴボウ（1）
	フィリピン	26	0		アスパラガス（14）、オクラ（12）
	台　湾	3	0		サヤエンドウ（2）、スナップエンドウ（1）
	合　計	328	1		
加工食品	中　国	260	2 1	ほうれんそう／クロルピリホス（1.8 ppm 及び0.03ppm） カリフラワー／メタミドホス（2.6ppm）	①冷凍野菜；ほうれんそう（26）、ブロッコリー（20）、アスパラガス（1）、さといも（18）、えだまめ（15）、いんげん（14）、カリフラワー（13）、そらまめ（13）、にんにくの芽（11）、れんこん（11）、にんじん（9）、ねぎ（9）、オクラ（8）、さやえんどう（8）、たけのこ（8）、いちご（6）、ごぼう（6）、菜の花（5）、ばれいしょ（3）、たまねぎ（3）、チンゲンサイ（2）、とうもろこし（2）、ピーマン（2）、こまつな（2）、だいこん（2）、かぼちゃ（1）、にんにく（1） ②水煮野菜；たけのこ（2）、れんこん（1）、ふき（1）、山くらげ（1） ③塩蔵野菜；うめぼし（5）、たかなづけ（4） ④乾燥野菜；乾燥だいこん（5） ⑤酢調製品；らっきょう酢漬け（5）
	台　湾	12	0		①冷凍野菜；えだまめ（12）
	合　計	272	3		

分析対象農薬：国内登録薬剤71薬剤、国内未登録7薬剤（エトリムホス、サリチオン、シアノフェンホス、メタミドホス、フェンスルホチオン、キシリルカルブ）及び使用（販売）禁止農薬11薬剤（BHC、DDT、エンドリン、エンドスルファン、カプタホール、ディルドリン、ヘキサクロロベンゼン、ヘプタクロル、パラチオン、パラチオンメチル、ホレート）。
残留農薬基準値：スナップエンドウ（シペルメトリン）0.05ppm、ホウレンソウ（クロルピリホス）0.01ppm、カリフラワー（メタミドホス）1.0ppm
基準値は超過しないが、33品目から25農薬が検出。検査期間：平成14年4月～平成15年3月。（独立行政法人農林水産消費技術センター）

における相違があります。そのうち最も重要な点は、一般農家における農薬に関する知識と安全性についての認識の問題です。一般農家は、栽培技術、病害虫の発生、防除についての知識は十分にあり、また、農薬の安全対策についての認識もあります。したがって、「禁止農薬の使用」はないものの、ラベル上の記載内容・薬量・回数・収穫前禁用期間など安全使用基準の遵守については、経験があるだけにかえって徹底されにくいということがあると思われます。一般農家は、野菜の品質（外観）についてはより良いものを、より大量に生産することが最大の関心事です。そのことが第一となり、農薬残留基準値については後回しになり、また個々の農家が残留農薬について分析調査する手立てなどもちろんありません。そこで一般農家に対して、食の安全や安全使用基準の遵守などの啓発・指導に力を入れることが重要でしたが、それに関しては普及員や試験研究機関の指導者の尽力に期するところが大きく、これには自ずと限界がありました。

基準値を超えた農薬が残留した野菜や、基準値の設定のない農薬が残留した作物が市場に流通していたこと、さらに、日本に無登録農薬が不正に輸入され、流通していた問題は、消費者に多大な不安を与えました。これらの問題解決のために農薬取締法の改正、そして食品衛生法の一部が改正される運びとなりました[19]（二〇〇三年五月三十日公布）。その骨子は、食品衛生法に基づく残留基準が設定されていない農薬について、その農薬が残留する食品の流通を原則として禁止する措置（ポジティブリスト制）を公布三年以内に導入するというものです。これまでは、残留基準のない農薬が検出されても罰則規定がありませんでしたが、今後は罰せられることになります。なお、ポジティブリスト制移行までの措置として暫定的な基準が設定されます。

また、各国で流通している農薬、および以前使用されていた農薬およそ七〇〇種類について、暫定残留農薬基準の設定に向けての作業が開始されました。今後は、生産者も、流通業者も、しっかりした責任をもって農産物を生産・供給するという真剣な取り組みに迫られています。しかしこうした対応には、一農家、一生産者ができることの限界があり、国や関係機関の強力な指導力が望まれます。生産者と流通業者が一体となった取り組みが必要であるといえます。

以前から輸出用の野菜生産の企業や契約栽培において、安全性についての配慮がされている取り組みもありました。たとえば、中国で代表的輸出野菜の生産地である山東省寿光市の取り組みでは、一九九〇年に市人民政府で「低農薬野菜生産を発展させる議案」が可決され、寿光市内に低農薬野菜検定センターを設立し、低農薬野菜の生産と輸出が始められました。ここでは、安全対策の施策十項目を掲げ、国の定める高毒性・高残留の農薬を使用しない、低毒・低残留・高効果のものを使用する、適切な農薬を選択し、施用時期・用量については安全規定を制定し技術的指導を行っている、とのことです。[20]
また、二〇〇二年の日本での農薬残留問題を契機に、中国政府は二〇〇三年一月より次のような栽培・輸出システムを構築しました。（1）野菜の輸出企業は、あらかじめ中国の輸出商品検査機関に一定以上の農地を登録し、輸出野菜はそこで栽培する、（2）農地に農業管理者をおき、農薬や化学肥料の使用計画を作成し、使用した結果を栽培履歴に記録する、（3）栽培された野菜は、輸出者が事前に検査申請する。検査機関は残留農薬を検査したうえで、残留基準値以下であれば輸出を許可する。このシステムが確実に実施されるようになれば、残留農薬問題は、ほぼ解決されるものと期待されます。[21]

6　より安全な農産物生産に向けて

本章の前半で、アジア地域における作物栽培と病害虫の発生の特殊性を述べました。作物が周年栽培できることは、病害虫の発生にも好適ということであり、その防除は年々困難になってきています。これまで、安全使用基準に従った薬剤散布では防除困難な虫、また病害と対峙している農民の姿を何度となく見てきました。前述しましたように、インドネシア、ジャワ島中部のタマネギ（小型の赤タマネギ）の栽培地帯でのシロイチモジヨトウの発生は甚大で、一作につき十〜二十五回の薬剤散布が行われています。またタイでは、バンコク近郊の野菜地帯でコナガ、シロイチモジヨトウの被害のため、北部ミャンマーとの国境地帯に移動している農家の例もあります。

消費者は農作物に対し、いつでも、どこでも、外観も美しく、味もよく、安全で（当然農薬は基準値以下）、さらにはより安く供給されることを望んでいます。これらの欲求を満たすべく生産者の努力は続いており、やっかいな抵抗性をもった害虫防除に対し、合成化合物に代わる手法もいくつか実用化されていますが、コスト面や使用の簡便さにおいて広範には使用できないという状況です。

また、生産者の顔、生産現場の写真をインターネットで紹介したり、産地直送や生産者と消費者との契約・直接購買が増加しており、野菜・果樹・コメの流通に新しい流れがでてきています。しかしながら、生産者の顔が見えない農産物は安全でないとか、信用がおけないなどの誤解は払拭しなければならないと思います。法規制の整備、生産者・流通関係者の意識改革、安全使用基準の遵守、市場でのチェックなどにより、どこの国からでも、誰が作ろうとも安全で、信用のおける農産物が食卓にのぼることが望まれます。そのために消費者も、生産者の現場での苦労や努力を知り、さらには農薬の効能や、残留許容基準などについても、知識や理解を深めていくことが大切ではないかと思います。

（近藤和信）

◆引用・参考文献

(1) 鳥取大学伊藤研究室：世界の食料統計、（原資料 USDA; PS & D View Aug 2003）（二〇〇三）
(2) 佐藤朋久ら：ベトナムのコメ輸出に於けるジャポニカ米の位置、鳥取大学伊藤研究室（一九九九）
(3) 國際農林業協力協会：熱帯稲作の病害虫（一九九八）
(4) WOOD MACKENZIE: Agrochemical Service Update of the Country section (2001)
(5) 近藤和信：東南アジアの稲作と雑草防除、植調、第三六巻六号 三〜九頁（二〇〇二）
(6) 農薬取締法（二〇〇二年十二月改正、二〇〇三年五月改正）
(7) 中国 農業部農薬検定所：農薬登記公告集（二〇〇二）
(8) 中国 対外貿易経済合作部、一〇四号通知（二〇〇一）
(9) 台湾 行政院農業委員会：植物保護手帳（二〇〇二）
(10) Ministry of Agriculture, Indonesia (2001 MOA Degree No 434.1/ TP/ 270/ 7/ 2001)

(11) Ministry of Agriculture and Rural Development Vietnam: List of pesticides permitted, restricted and banned to use in Vietnam (2002)
(12) Notification of Ministry of Industry: Thailand, List of banned pesticides
(13) Farm Chemical Handbook (2002)
(14) 小林茂典：野菜の輸入動向と輸入野菜流通の特徴、レビュー、No.1 六八〜七九頁、農林水産政策研究所（二〇〇一）
(15) 野菜供給安定基金：２００２年 野菜輸入の動向、農林統計協会（二〇〇三）
(16) 野菜供給安定協会：中国の野菜（２）、農林統計協会
(17) 梶井 功ら：食品安全基本法への視座と論点、農林統計協会（二〇〇三）
(18) 農林水産省総合食料局：プレスリリース資料「輸入野菜の残留農薬分析」（平成十五年四月十八日）
(19) 厚生労働省ホームページ：食品衛生審議会衛生分科会（二〇〇三年六月二十七日配付資料）
(20) 永江弘康：中国の野菜生産流通、日本施設園芸協会（二〇〇一）
(21) 住商企業情報：中国農薬残留問題（二〇〇三）

第10章　農薬との付き合いかた

1　情報をどう受け取るか

1.1　なぜ農薬がこわいと思うのか

すでに十年以上前のものになりますが、がんの発生原因について、主婦とがん研究者に行ったアンケートの結果があります[1]（表10・1）。多くの主婦たちが、がんの原因として食品添加物に次いで農薬をあげているのに対して、がん学者たちは普通の食べ物とタバコを上位にあげています。そして調査者の黒木氏は「食品添加物や農薬のない世の中になったとしても、がんはなくならず、私たちが昔から食べている普通の食べ物と喫煙ががんの最も重要な要因である」と

表10.1　がんの原因についてのアンケート結果[10)]

原　因	原因と考えた割合(%)	
	主　婦	がん疫学者
食品添加物	43.5	1
農　薬	24	0
タバコ	11.5	30
大気汚染・公害	9	2
おこげ	4	0
ウイルス	1	10
普通の食べ物	0	35
性生活・出産	0	7
職　業	0	4
アルコール	0	3
放射線・紫外線	0	3
医薬品	0	1
工業生産物	0	1

しています。このように、農薬は一般の人々には良く思われておらず、その安全性についての認識は専門家との間に大きなギャップがあるように思われます。

消費者が、農薬に不安を感じる原因として、以下のようなことが考えられます。

① マスコミが農薬をとりあげるのは、多くの場合農薬の安全性に問題があったときで、しかもほとんどの消費者はそのようなマスコミ報道で農薬についての情報に接することが多い。

② 一般的にマスコミ報道では、問題の農薬を特定せずに総体的に農薬は有害であるという基調で記事が書かれ

る。さらに、ある生物が減少したときなども、原因には触れずに枕詞のように「農薬によって」という言葉がそえられることがある。

③農薬にはたしかに有害なものもあり、農薬の有害性に関する情報は、安全で有用な農薬の情報よりも流される率がはるかに高いため、一般の人は農薬全般について安全性に問題があるものと受け取ってしまう。

④反農薬活動組織は消費者に近いところにあるため、一般の人には農薬についての正しい情報より反農薬的な情報が伝わりやすい。

⑤スーパーマーケットなどで有機・減農薬栽培・無農薬の農産物は安全とうたっているため、普通栽培の農産物は危険なのかと感ずる。

⑥農薬の正当な理解を助ける情報が一般の目に触れにくいため、残留農薬基準や安全使用基準への理解が十分でなく、しかも残留農薬は目に見えないので不安を感じる。

以上のうち特に影響が大きいものは、マスコミ報道や、ある程度限定された範囲ではあるものの反農薬運動組織からの情報です。農薬とも関連がありますが、内分泌かく乱物質（環境ホルモンといわれています）が問題となったとき、マスコミや反農薬運動家はいちはやくこの問題を取り上げ、書店までもこの関係の本を目に付くところに並べたものでした。しかし、結局はいたずらに世間に不安をあおっただけで、その後この問題の処置がどのように進展しているかを解説した一般向けの情報はほとんど見当たりません。内分泌かく乱物質についてはまだ確定的な研究結果がだされておらず、これからの実態解明を待つべきであり、断定的に扱うことは避けねばなりません。したがって、情報を受け取る側には冷静な判断が求められます。

1.2　巷に流れる情報への接しかた

いろいろな情報に接した場合、私たちはこれを信用していいものかどうかは各々の常識や理解の尺度によって判断を下しています。これは農薬のことだけに限らず、その他の化学製品、医薬品、食品などさまざまな情報についても同じです。情報の正確さを評価する基準をあげるとするならば、以下のようなものではないでしょうか（同様のことを、がんに関する健康情報について坪野吉孝氏(2)も述べています）。

＊具体的な研究・調査結果に基づいているか

テレビなどで、ある人の体験談として「この食品を食べたら健康になった」というようなことがよく紹介されたりしますが、このような取り上げかたは、具体的な研究や調査に基づいた知見とはいえないので、このような情報には、安易に流されないようにしたいものです。

＊学会や多数の専門家に発表され、学問的にどこまで認定されているか

農薬の有害性と安全性についての知見が科学的に正当なものであるかどうかは、専門家集団で構成されている学会に発表して評価されなければなりません。学会では口頭発表という形式の講演があります。また、学会誌に論文を発表する場合は、事前に審査があり、その研究や調査法が正しかったか、内容に客観性があるかなどが審査されたうえで、論文として掲載されます。一般の新聞・雑誌や反農薬組織の機関紙のような出版物の情報は、学問的な裏付けがないこともありますので、話半分と受け取っておくくらいがいいかもしれません。

＊発表された論文の内容が専門家によって受け入れられているか

論文として印刷されたものであっても、他の研究との整合性や、追試験で確認されたものでなければ、将来、結果がくつがえされる可能性があることを念頭においておく必要があります。しかし一方では、専門分野の情報が一般の人に伝わりにくいということもあり、この点は今後改善されていかなければなりません。

そのほか、たとえば残留農薬が検出されたとか、あるいは農薬が過剰に使われているなどの報道に接したとき、情報を鵜呑みにするのではなく、検出量が危険な量なのか、報道内容以外

にも説明がなかったのか、基になっている統計資料が妥当なものかなど、さらに詳しく調べたうえで判断する姿勢が求められます。農薬の安全性については学問的、科学的そして客観的判断に基づいたものでなければならず、巷に流れている情報には安易に惑わされないようにしましょう。

1.3　科学的な判断を

有機農産物の需要は、農薬や化学肥料が健康と環境に悪影響があるという懸念から生まれたものと思われます。しかし、これらの農産物を買い求める消費者は、はたして科学的な根拠に基づいたうえで普通の農産物を避け、有機農産物を買っているのでしょうか。生産者、流通関係者、小売業者は有機農産物が普通に栽培されたものより安全だと考えて店頭に並べているのでしょうか。

筆者からみればこのような現状は、残留農薬に対する感情優先の判断の結果であるように思われます。農薬に一〇〇%の安全性を要求するのであれば無農薬農産物を選択することになるでしょう。しかし、普通の食べ物にも天然の発がん性物質が含まれています。農薬を避けたからといって、一〇〇％安全という保障はどこにもありません。

農薬に限らずこの世の中には完ぺきに安全といえるものはまず存在しないといっていいでしょう。あるものが「存在する」ことは、だれかが一度でも見ればその存在を証明できますが、だれも見たことがないものが本当に「存在しない」のかどうかはわからないのです。ただ、「存在しないはずだ」ということはいろいろな証拠をあげて説明することはできます。動物実験で農薬の安全性を試験するのも、農薬をこのように扱えば有害ではないはずだという確信を証明するためのものです。また別の言いかたをするならば、安全使用基準に沿って農薬を使った作物は一〇〇％に限りなく近く安全とはいえても、真に一〇〇％安全であると断定することはできません。

また、石けん推進論者の非科学性について論じた著書があります。(3) この著書は合成洗剤の安全性について説明していますが、その中で「金の卵を産む鳥やゴジラがいないことは証明できない。同様に無害の証明はできない。無害の証明を求めるのは無い物ねだりである」と述べています。そのうえで「(石けん推進運動家が) 一〇〇％の安全を要求するような論理性の欠如が消費者を感情優先型に導き、総合的な環境対策推進の障害になっている」としていますが、まさに農薬の安全性についてもあてはまる正論であると思います。

交通事故は日本では一万人に一人の確率だといわれていますが、私たちは事故にあう危険性のあることがわかっていても車を利用しています。つまり車を利用したほうがより利益（ベネフィット）があると判断しているからです。農薬は絶対安全と断言することはできませんが、私たちは農薬によって病害虫の被害から農産物を守り、農業の生産性を確保するという恩恵を被っています。科学技術をうまく利用するためには、危険性と利益を厳密に計算しなければなりません。安全性試験は、農薬の毒性を示す量や条件を知ること、そしてその結果を基に、使ってはならないという判断も含めてどれくらいの量をどのように使えばよいかを決めるために行われます。安全性試験で農薬についての危険性を知ったうえで、残留農薬に関しては危険性が限りなくゼロに近づくように、残留許容量と安全使用基準を設けていることを理解しておく必要があると思います。

1.4　合成化合物と天然物は平等に

農薬は安全性試験の厳しい関門をくぐってはじめて実用化に至ります。安全性試験の基本となっているのは「毒物学」で、農薬は「毒」として扱われます。このようにいうと、やはり農薬には毒性があるのだと思われるようですが、私たちの身の周りには農薬以上に危険な毒性をもったものがたくさんあります。表10・2はアメリカでの調査ですが[(4)]、それによりますと農薬のリスクは最も低い位置にあります。

表10. 2　死因としてのリスク[4)]

死　因	危険度*
たばこ（1日1箱）	1/200
アルコール	1/250
原動機付自転車	1/250
ハンググライダー	1/550
肥　満	1/600
心臓カテーテル	1/1,000
造影剤注入	1/2,000
自動車	1/4,000
肺内視鏡	1/5,000
自転車	1/8,000
胃カメラ	1/10,000
火　事	1/15,000
市街歩行	1/20,000
レントゲン（肺）	1/20,000
エイズ	1/30,000
医薬品	1/80,000
スキー	1/100,000
発電所放射線	1/200,000
残留農薬・食品添加物	1/500,000

＊何人に1人がこの原因で死亡するかを示す指標（E. W. ファースト博士の1990年の講演より）。

食品に含まれる成分でも毒性をもつものがたくさんあります。医者が砂糖や食塩を摂りすぎないようにと忠告するのは、これらの日常口にしているものであっても摂取する量によっては身体に悪影響を及ぼすことがあるので、摂取量を「最大無毒性量」以下にしなさいといっているわけです。

人間は経験によって食べていいものを選び、食べるとすればどれくらいの量を、どのように手を加えて食べればいいかを判断してきました。野菜や果物にも発がん性がある成分をもつものがたくさんあることが動物実験でわかっています[5]（表10・3）が、それでも人間はこれらは食べられると判断し、口にしてきました。発がんの危険性より、おいしさや栄養という利益の点を選択しているのだといえます。天然物質も合成化学物質も、人体への影響に関しては同じ土俵の上に立たせて公平な目でみて判断することが大切ではないかと思います。

表10. 3　食品中の発がん性物質[5)]

発がん性物質	食　品	含有量(ppm)
5, 8-メトキシソラレン	パセリ セロリ	14 0. 8
p-ヒドラジノ安息香酸 グルタミル-p-ヒドラジノ安息香酸	マッシュルーム	11 42
シニグリン	キャベツ	35～590
アリルイソチオシアネート	カリフラワー 芽キャベツ からし	12～66 110～1, 560 16, 000～7, 200
リモネン	オレンジジュース 黒こしょう	31 8, 000
エストロゴール 酢酸ベンジル	バジル	3, 800 82
サフロール	ナツメグ 黒こしょう	3, 000 100
アクリル酸エチル	パイナップル	0. 07
カフェ酸	リンゴ、ナシ、サクランボ、ニンジン、ジャガイモ、ナスなど	50～200
クロロゲン酸	アンズ、サクランボ、モモ	50～500
ネオクロロゲン酸	リンゴ、ナシ、サクランボ、モモ、キャベツ、ブロッコリーなど	50～500

(B. N. Ames *et al.* (1990) Proc. Natl. Acad. Sci.,USA, 87: 7777)

2　食品はこのままでいいのか

2.1　有機・無農薬・減農薬農産物がもたらすもの

日本生活協同組合連合会が、無農薬および減農薬栽培と、慣行栽培の農産物の残留農薬量を調べたところ表10・4のような結果でした。(6) それによりますと無・減農薬栽培品からも農薬が検出され、その検出率はおしなべて慣行栽培品よりやや低いという結果で、さらに残留量について（表にはない）は、慣行栽培品とのあいだにあまり差がなかったと報告されています。

市販の農産物の残留農薬については、各地方自治体で保健所などが中心となって、随時抜取り検査を行っています。全国で毎年四十万点前後の農産物が調査されていますが、一九九四〜九九年の調査結果では農薬が検出されたものは全体の〇・七〇〜一・〇一％でした。そのうち、残念ながら残留基準値を上回るものが全体の〇・〇一〜〇・〇四％ありました。この問題は今後徹底して改善されていかなければなりません（第6章6・2も参照）。このような結果をみると、だから農薬は危ないと思うかもしれませんが、厚生労働省ではこのような実態が、健康に

表10.4　慣行栽培と無・減農薬栽培農産物中の残留農薬検出率[6)]

農産物		慣行栽培			無・減農薬栽培*		
		検査項目数	検出数	検出率(%)	検査項目数	検出数	検出率(%)
果実	かんきつ類	9,396	265	2.8	688	11	1.6
	仁果類	6,736	100	1.5	297	2	0.67
	熱帯果実	1,841	26	1.4	123	1	0.81
	イチゴ	2,981	58	1.9	663	4	0.6
	ブドウ	1,607	13	0.81	113	2	1.8
	小計	22,561	462	2.0	1,884	20	1.1
野菜	アブラナ科	2,788	9	0.32	208	0	0
	ジャガイモ	4,306	1	0.02	772	1	0.13
	ウリ科	2,319	11	0.47	1,627	6	0.37
	キク科	499	0	0	339	0	0
	セリ科	3,566	8	0.22	1,287	0	0
	ナス科	3,444	54	1.6	1,286	18	1.4
	ユリ科	4,258	11	0.26	388	0	0
	未熟豆類	3,671	31	0.84	689	2	0.29
	ホウレンソウ	2,566	11	0.43	971	2	0.21
	小計	27,417	136	0.5	7,567	29	0.38
茶（製品）		1,332	65	4.9	569	190	3.3
合計		51,310	663	1.3	10,020	68	0.68

＊無農薬と減農薬栽培品は分別せずに分析（日本生協連商品検査センター（編）日本生協連残留農薬データ集、コープ出版（1998））。

どう影響するかを以下のような手法で調べています。

日本人が毎日食べている農産物の種類と量の平均値（食品摂取量）が厚生労働省の国民栄養調査からわかっています。そして、それぞれの農産物の残留農薬の種類と残留濃度の分析調査から、各農産物の平均残留量がわかります。そこで、食品摂取量と平均農薬残留量からそれぞれの農産物における日本人一人あたりの農薬摂取量が計算できます。そして、このようにして算出された農薬摂取量が一日あたりの農薬摂取許容量より少なければ、健康に影響がないと判断できます。

表10・5は一九九一年から九八年までの八年間の調査結果で、日本人の農産物からの農薬摂取量の推定です。分析は一一三種の農薬を対象に行われ、そのうち表中の十七種の農薬が検出されました。農家はさまざまな種類の農薬を使っていたはずですが、これら十七種以外の農薬は検出されませんでした。ＤＤＴは現在使われていませんが、環境中にまだ残留しており、作物からも検出されています。検出された量は、いずれの農薬についても一日あたりの推定摂取量は摂取許容量を大幅に下回っています。この結果からみると、残留農薬についてそれほど不安をもつ必要はないものと考えられます。

以上述べてきましたように、少なくとも通常販売されている慣行栽培の農産物中の残留農薬

表10. 5　マーケットバスケット調査に基づく農産物からの農薬摂取量の推定[7]（1991～1998年の結果）*

農薬名*	検出量から推定された摂取量（μg/人/日）	摂取許容量（μg/人/日）	摂取許容量に対する割合（%）
DDT	2. 97	250	1. 19
EPN	2. 25～2. 28	115	1. 96～2. 46
アジンホスメチル	3. 21	250	1. 28
アセフェート	6. 99～21. 93	1, 500	0. 46～1. 46
エンドスルファン	3. 46	300	1. 15
クロルピリホス	1. 07～2. 16	500	0. 21～0. 43
クロルピリホスメチル	0. 95～2. 17	500	0. 19～0. 43
シペルメトリン	2. 59～21. 62	2, 500	0. 10～0. 86
ジメトエート	1. 60～3. 04	1, 000	0. 16～0. 30
臭素**	6037. 59～8150. 28	50, 000	12. 08～16. 30
バミドチオン	20. 89	400	5. 22
フェニトロチオン	0. 77～7. 12	250	0. 31～2. 85
フェントエート	1. 62～4. 06	75	1. 67～5. 41
フェンバレレート	45. 07	1, 000	4. 51
プロチオホス	1. 16～2. 35	75	2. 88～3. 13
マラチオン	1. 08～2. 16	1, 000	0. 10～0. 22
メタミドホス	2. 84～3. 72	200	1. 42～1. 86

＊113種の農薬を分析の結果いずれかの農産物で検出された17種の農薬。他の農薬は検出されなかった。

＊＊農薬由来以外の臭素も含む。

が有害であるという証拠は見当たりません。最近あちこちの店で売られている無農薬や減農薬、有機農産物は、安心を看板として販売促進するための商業戦略ではないかとかとすら思われないでもありません。松中昭一氏[8]は著書の中で、『日本農業年鑑一九九九』から、「(コメ作りの危機突破戦略としての)徹底した有機栽培によって完全無農薬・無化学肥料で安全な高付加価値米を生産して消費者をつかもうとする戦略」(大略、傍点は筆者)という記述を引用して、このような付加価値があるのかどうか、販売者はもうけるために有機米を売っているのではないかと疑問を投げかけています。

無農薬・減農薬あるいは有機農産物が普通栽培の農産物に比べて「より安全」と断言できるのでしょうか。いたずらに消費者に農薬に対する不安を募らせているだけではないでしょうか。農家が付加価値のある農産物を売りたいことはよくわかりますが、消費者に誤解を招くような販売戦略は今後の食糧生産をゆがめる可能性をも秘めていることを指摘しておきたいと思います。

表10. 6　水稲主要病害虫の発生・防除面積（全国、2000年）[9)]

単位：千ヘクタール

	病害虫	発生面積	栽培面積	のべ防除面積
病害	葉いもち	492	1126	1529
	穂いもち	276	1273	1871
	苗立ち枯れ	25	1295	1469
虫害	セジロウンカ	825	910	1279
	ツマグロヨコバイ	680	741	1023
	イネドロオイムシ	239	686	697
	イネミズゾウムシ	775	909	969
	斑点米カメムシ類	630	1079	2039

2.2　消費者が求める品質規格とは

水稲についての代表的な病害虫の発生と、その防除がどの程度行われたかを示す二〇〇〇年（平成十二年）の農林水産省の統計の一部を表10・6に示しました。この表では、同じ病害虫に対して農薬を二回以上散布することがあるため、農薬で防除した面積を「のべ防除面積」で示しています。二〇〇〇年は病害虫の発生はそれほど多くなかった年ですが、中にはイネの穂いもち病やカメムシのためにのべ防除面積が栽培面積をかなり上回ったものもありました。[(9)]

斑点米カメムシ類は、イネが完熟する前に水田周辺から飛んできてモミから汁を吸い、その結果コメ粒に黒い斑点ができてしまうためコメの等級が下がってしまいます。表10・6をみると、のべ防除面積は実防除面積のほぼ二倍となっていますから、農家はカメムシに対して殺虫剤を二回散布したことがわかります。実際にはこの害虫の発生と防除面積は地域によってかなり違い、より詳しい統計をみると、発生が多かった北海道、秋田、山形、新潟の各県では少なくとも三回散布が行われた地域もあったと考えられます。

コメの等級を決める要素はいくつかありますが、コメ千粒に斑点米が二粒あると二等米、四粒あると三等米となり、ある事例では一俵（六〇キロ）あたりそれぞれ三〇〇円～五〇〇円、および一二〇〇円～五五〇〇円、一等米より安くなってしまいます。仮に一〇アールあたり八俵の収穫があったとすれば、カメムシによる被害は農家にとって二四〇〇円～四万四〇〇〇円の損失を与える可能性があります。コメの値段は品種などによって幅がありますが、一等米の買取価格が一俵一万六〇〇〇円とすると、八俵で一二万八〇〇〇円、しかし四万四〇〇〇円の損害がでたとすると農家の収入に大きな打撃を与えることになりかねません。

日本の消費者は農産物に高い水準の品質を要求し、斑点米がまざったコメや虫食い、病斑がある農産物を避ける傾向があるので、農家は見栄えと品質を高く保つ努力を強いられます。しかし、消費者のそのような嗜好により、ほんのわずかなカスリ傷程度の虫食いや病斑の跡があっただけで、出荷市場での品質等級が下がり、取引価格が暴落してしまうような品質基準は、本来の品質基準とはややかけ離れてはいないでしょうか。現に農家は、本来の品質とは関係がないキズを防ぐために、コスメティック農薬として薬剤を散布することすらあります。消費者の要求水準以上の品質を保つ必要はありませんが、消費者側がわずかなキズがあってもよいとすれば、農薬の使い方も変わり、農家の負担も軽くなるかもしれません。消費者が農産物を見栄えではなく本当の品質で選ぶようになれば農産物のありようが変わり、農家の農薬の使い方も変わってくるのではないでしょうか。

次章で述べるように、日本はコメ以外の穀物の自給率はわずか二八％です。さらに、近い将来世界的な食糧難に陥るのではないかといわれています。生産に手間がかかり収量も低い有機農産物が市場に占める割合は、せいぜい数％と推定され、有機農業ですべての需要をまかなうことはできません。今後の世界的な農産物不足を予見して自給率を高めるためにも、国内農産物の安定した供給と生産コスト削減の方法を確立していかなければなりません。そのためにも農薬は効果的に使用されるべきだと考えますが、同時に現行の品質規格も見直されていかなければならないと思います。そしてその品質規格を決めるのは消費者であるといえるかもしれません。

3　安全使用——農薬の流通・使用者側に求められること

農薬の安全性を確保するためには、まず農薬散布時に作業者の安全を確保し、同時に農産物中の農薬残留量を安全なレベルに抑えなければなりません。作業者への安全性の確保についてはほかに譲ることとして、ここでは消費者が不安をもっている残留農薬について、流通関係者や農薬使用者が念頭においておかなければならない点について述べたいと思います。

農薬の包装に貼付されているラベルには、農薬を使うときに必要な事項が書かれています。その一つが農薬使用基準です。ラベルには、その農薬を施用できる作物名（適用作物）、適用病害虫・雑草名、散布液の濃度（希釈倍数）または使用量（粒剤の一〇アールあたりの施用量など）、使用時期（収穫前の最終使用時期）、総使用回数などが表になって記載され、そのほか使用時あるいは環境影響に関する注意事項など、使用にあたって必要な情報が記されています。これらの項目のうち、農薬使用基準として特に注意しなければならない事項は以下のとおりです。

①作物：記載されている以外の作物ではその農薬の効果や残留性については調べられていないので、その農薬を使うことはできません。

②濃度または使用量：指定された以上の濃度または使用量でその農薬を使った場合、残留量が残留農薬基準を超えてしまう可能性があります。濃度と使用量については十分な防除効果がでる量に設定されているので、それ以上の施用をしても無意味です。

③使用時期：収穫より何日前までその農薬を散布できるかが表示されています。この時期より後にその農薬を散布すると、残留量が残留基準を上回る可能性があります。

④総使用回数：その作物一作につき何回までその農薬を施用できるかが記載されています。この回数を超えると、その農薬の残留量が残留基準を上回ることがあります。

前述のように、残留基準を上回る濃度の農薬が検出された農産物がわずかにありました。その主な原因としては、適用作物以外の作物への使用、指定の濃度を守らなかった、あるいは使用量以上の施用、定められた使用時期外の散布などが考えられます。また、隣の別の作物に薬剤が飛散してしまった場合も考えられます。

残留基準を超えた農産物の流通は食品衛生法で禁止されています。したがって基準超過の農産物がでてしまった場合は廃棄処分され、その生産地にはなんらかの公的指導がなされます。さらに残留基準超過の農産物がでたところとして、産地のイメージが悪くなり、その後の信用回復に苦労することになります。

また最近起こった問題として、無登録農薬があります。日本では農薬取締法によって、農薬は登録されなければ流通させることはできません。ところが、二〇〇二年七月に一部の農薬業者が無登録農薬を販売していたことが発覚し、調査の結果四十四都道府県で、個人を含む二六九の営業所が農家約三百戸に十種類の無登録農薬を販売していたことが明らかになりました。この事件では七件の逮捕も含めて、全営業所が処分されました。[10] 農林水産省は二〇〇三年三月に農薬取締法を改正し、無登録農薬の製造・輸入・販売・使用の禁止と違反に対する罰則を強化しました。

農薬登録はその製剤の使用を認可するだけでなく、用途と使用法も含めて登録されるので、それについてはさまざまな問題があります。その一つは地域の特産農産物のような、小面積で栽培されている作物（いわゆるマイナー作物、たとえば山菜）への農薬の使用です。従来からこのような作物に適用できる農薬の種類が少なく、栽培者は負担を強いられてきました。今回の法改正では、そのような作物に適用されていない農薬を使った際の規制が厳しくなり、場合によっては処罰の対象になります。しかしそれでは不都合がでてくるため、マイナー作物の残留基準をそれらと似た形の一般作物での残留動態を参考にして決められるように、残留基準を決める際の作物群の分類が見直されています。しかしこれは経過措置であって、今後、より厳密な残留基準を設定するには多くの困難がでてくるものと予想されます。

次に、常識的にほとんど有害性がないとみなされて、農薬登録がないまま有害生物を防除する目的で使われている資材については、「原材料に照らし農作物等、人畜及び水産動植物に害を及ぼすおそれがないことが明らかなものとして農林水産大臣および環境大臣が指定する農薬」として「特定農薬」という枠を設けて対処することとなりました（改正農薬取締法）。当初は特定農薬として、各種の植物抽出物、牛乳、界面活性剤、アルコール類のほか、天敵昆虫、寄生性・拮抗性微生物など数百種の資材があげられていましたが、安全性が保障できないもの、農薬というには抵抗があるようなものなどがあり、現在は特定農薬として少数のものが指定されているにとどまっています。

過去には農薬登録がない製品で、天然殺虫剤といいながら、合成殺虫成分が相当な濃度で検出されたものがありました。また、現在市販されている植物抽出物の製品の中には非常に多種類の成分が含まれていて、その成分の安全性に問題がありそうなものもあります。今回、特定農薬の制度が改正されたことによって、このような不適切な製品が淘汰されることが期待されます。

いままで法の抜け穴をくぐる悪徳業者が絶えなかったのは、農薬取締法があいまいな部分を含んでいたことにもよります。今回の法改正は、その根を断ち切ることができ、さらに農薬が合理的に使用できるようになるものとして歓迎できます。しかし、農薬の安全性を確保できるかどうかは、農薬販売者と農産物生産者が規制に従って行動するかどうかにかかっていることに変わりありません。農薬の流通と使用にかかわる一部の人たちの、規範に外れた行動は、生産物の回収・廃棄、産地の信用失墜だけでなく、農薬に対する世間の不安を増長し、ひいては農薬が使えなくなるような事態を引き起こさないとも限りません。そうなった場合、日本の食糧生産は落ち込み、消費者も農家も大打撃を受けることになりかねません。そのような事態を招かないためにも、登録された農薬を、安全使用基準に従って正しく使用することが、農薬の流通・使用者側の「農薬との上手な付き合いかた」の基本であると考えます。

（坂井道彦）

◆引用文献

(1) 黒木登志夫：暮らしの手帖、二十五号（一九九〇）
(2) 坪野吉孝：食べ物とがん予防、一四頁、文春新書（二〇〇二）
(3) 大矢　勝：石鹸安全信仰の幻、一八二頁、文春新書（二〇〇二）

(4) 内田又左衛門：持続可能な農業と日本の将来―地球・人類と農業・農薬を考える、化学工業日報社（一九九二）
(5) 梅津憲治：農薬と人の健康―その安全性を考える―、日本植物防疫協会（一九九八）
(6) 日本生活協同組合連合会商品検査センター（編）：日本生連残留農薬データ集、コープ出版（一九九八）
(7) 厚生労働省生産衛生局資料（二〇〇二）
(8) 松中昭一：農薬のおはなし、日本規格協会（二〇〇〇）
(9) 日本植物防疫協会：平成十三年農薬要覧（二〇〇一）
(10) 農林水産省十一月二十九日付けプレスリリース（二〇〇二）

◆参考文献

福田秀夫：農薬に対する誤解と偏見、化学工業日報社（二〇〇〇）
梅津憲治：農薬と食―安全と安心、ソフトサイエンス社（二〇〇三）

第11章　これからの作物栽培と農薬のありかた

今日まで農業は増え続ける地球人口を養うべく食糧増産を追求してきました。農耕地の拡大や育種による優良品種の育成とともに、化学肥料によって農業の生産性は飛躍的に向上し、さらに有機合成農薬の投入と化石燃料を動力とする機械化がこれに寄与してきたことはまちがいありません。しかし、一九九〇年代に入って世界の農業生産は頭打ちの傾向になってきました。人類は食糧を通して太陽エネルギーを摂取しなければ生存できないし、農業以外の手段で食糧が生産されるようになるとは考えられません。しかし一方で、農業に限らず産業全般に今後ますますエネルギー問題と環境問題が大きくのしかかってくることは間違いありません。

1　これからの農業の背景にある問題点

1.1　世界人口の増加と食糧問題

現在の世界人口は六十三億人とされています。一九七〇年には四十億人たらずでしたから、この三十年ほどで二十億人以上増加したことになります。国連の推計[1]によれば、ヨーロッパの人口は減少傾向にあるものの、他の地域では増加が進み、今後世界の人口は一・二三%の年平均増加率で増えて、二〇二五年には八十億人となり、一〇〇億人になるのは二〇五〇年頃といわれています（図11・1）。内訳をみると、先進国全体では二〇〇〇年の人口一一億一九〇〇万人が、二〇二五年に一二億二〇〇〇万人（増加率〇・一六%）となり、発展途上国では二〇〇〇年の五十一億人が、二〇二五年には六七億二〇〇〇万人（増加率一・四八%）になるとの予測です。もともと人口が多い中国とインド、ならびにアフリカ地域の二〇二五年の人口はそれぞれ一四・七億、一三・七億、一三・六〇億人と予測されており、世界人口の約五〇%はこれらの地域の人で占められ、これに他のアジア諸国の二〇二五年の予測人口を加えると、アジアとアフリカの

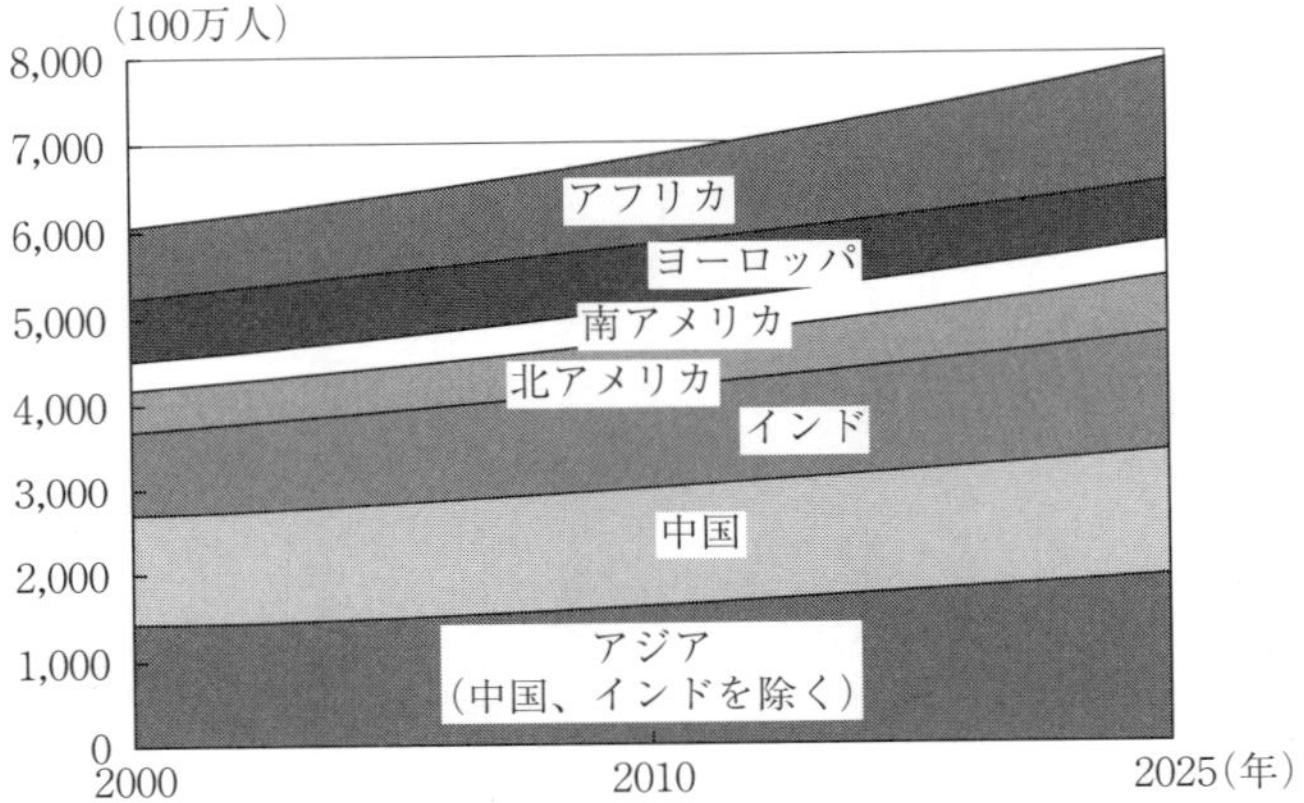

図11.1　世界人口の予測[6)]

人口が世界の七七％に達すると予測されています。

現在、多くの発展途上国では経済の向上に伴って食糧需要が増え、同時に動物性タンパク質摂取量も増えて、家畜飼料の需要も増加しているので、今後世界の食糧需要量はますます増えてくるものと考えておかなければなりません。

1.2　食糧はどれくらい必要か

人間は、タンパク質・ビタミン・ミネラル・水などいろいろな物質を摂取しなければなりません。それらのうちカロリー源として利用できるのは糖質（炭水化物：でんぷんや砂糖など）と、タンパク質および脂質（油類）です。これらの一グラムあたりの熱量は、糖質とタンパク質は四キロカロリー、脂質は九キロカロリーです。人の食物全体の中で脂質の割合は無視できませんがそれほど高くはないので、糖質とタンパク質で現在の人口六十三億人に必要な量を計算してみます。

現在、日本人一人一日あたりの摂取熱量は二五〇〇キロカロリーで、

2500kcal ÷ 4 kcal（糖質・タンパク質 1 g あたりの熱量）＝625g

の食物が必要ということになります。世界中すべての人が同じ量を摂るとすると、全世界で一年間に必要な食糧は、約十四億トン（625g×365 日×63 億人）と計算されます。また、タンパク源として畜産物について着目してみます。一キロカロリーの肉類を生産するためには約一〇キロカロリーの餌が必要です。日本人は熱量の二〇％を畜産物と魚介類から摂っています。そのうち、世界一魚介類を消費する日本人でも、魚介類から得ている熱量は全体の五％にしか相当しないので、タンパク質の大部分は畜産物から得ているとして計算します。仮に一日あたりの必要熱量二五〇〇キロカロリーのうちほぼ二〇％にあたる五〇〇キロカロリーを畜産物でまかなうとすると、五〇〇〇キロカロリーの餌を家畜に与えなければなりません。これを必要所要量に加算すると、一人が一日に必要な熱量は次のような計算になります。

5000kcal＋(2500kcal－500kcal)＝7000kcal

この熱量を、食料・飼料の量として換算すると次のようになります。

7000kcal ÷ 4（糖質・タンパク質1gあたりの熱量）＝約1750g

したがって、世界での年間必要量は

1.75kg × 365日 × 63億人 ≒ 40億トン

と計算されます。

一方、世界の穀物生産量は現在約十八〜十九億トン（ＦＡＯ：国連食糧農業機関／二〇〇〇年）といわれています。これにイモ類五八〇万トン、砂糖一二〇万トン、大豆一二〇万トンを加えてもやっと二十億トン程度であり、先の計算の半分にしかなりません。これらはたいへん大ざっぱな計算ですが、世界では満足に食べられない人が大勢いるという現実に一致していると思います。

さらに、生産された穀類はかなり偏って消費されています。摂取熱量は、アメリカで一人一日三五〇〇〜五〇〇〇キロカロリー、ヨーロッパでは三二〇〇〜三五〇〇キロカロリーですが、アフリカでは二〇〇〇キロカロリーにも満たない国があります。ＦＡＯの推定では、発展途上国の栄養不足人口は現在約八億人で、これを農業生産の向上によって半分まで減らすのに少なくともあと六十年かかるとしています。食糧配分の偏りの原因には技術的な部分と政策的な部分があり、解決には困難が伴うと考えられますが、仮にこのような偏りがなくなって栄養不足が解消されたとしても、世界人口が一〇〇億人になったときには、少なくとも現在の穀物生産量の三倍、六十億トンの食料・飼料が必要になります。

1.3　耕地の問題

将来の食糧増産のためには今以上の耕地が必要となります。しかし耕地面積の拡大には、次に列挙するように世界的にいくつかの大きな問題があります[1]。

・農耕地面積と穀物収穫面積の伸びが鈍化している。一九六〇年前半から二十世紀末までに、農耕地面積は一二・七億ヘクタールから一三・七億ヘクタールに広がったが、この伸長率はそれ以前より低く、穀物収穫面積については六・五億ヘクタールから六・七億ヘクタールにしか伸びていない。

・単位面積あたりの収量があまり伸びていない。一九六〇年代および七〇年代は、年率でそれぞれ三％および二％増えたが、一九八〇年以降は一・七％となっている。

・過度の放牧、森林伐採、塩類集積により、年間五〇〇万ヘクタールの土地が砂漠化している。

・熱帯地域を中心に年間一二三〇万ヘクタールの森林が耕地転用のため失われている。このことは熱帯林減少による二酸化炭素の蓄積など地球環境の悪化を招くおそれがあり、耕地拡張の制約となる。

以上のことから、耕地面積の拡大はすでに限界にきていると考えられます。

1.4　日本の食糧自給率

私たち日本人の食糧事情はどうでしょうか。現在日本は食糧供給を大きく海外に依存しています。図11・2に示すように、食料を供給熱量（カロリー）ベースに換算すると、一九九九年の時点で自給率は四〇％で、これは世界の先進国の中で最低の順位です。品目別にみてみますと、コメは主食用としては一〇〇％自給されていますが、加工用のものは輸入されています。鶏卵も九七％が自給ですが、飼料用を含めた穀類の自給率は二八％にすぎず、その他の畜産物についても実際の自給率はかなり低いものと考えられます。野菜と果物の自給率もここ十年ほどで急速に下がっています(2)（図11・3）。

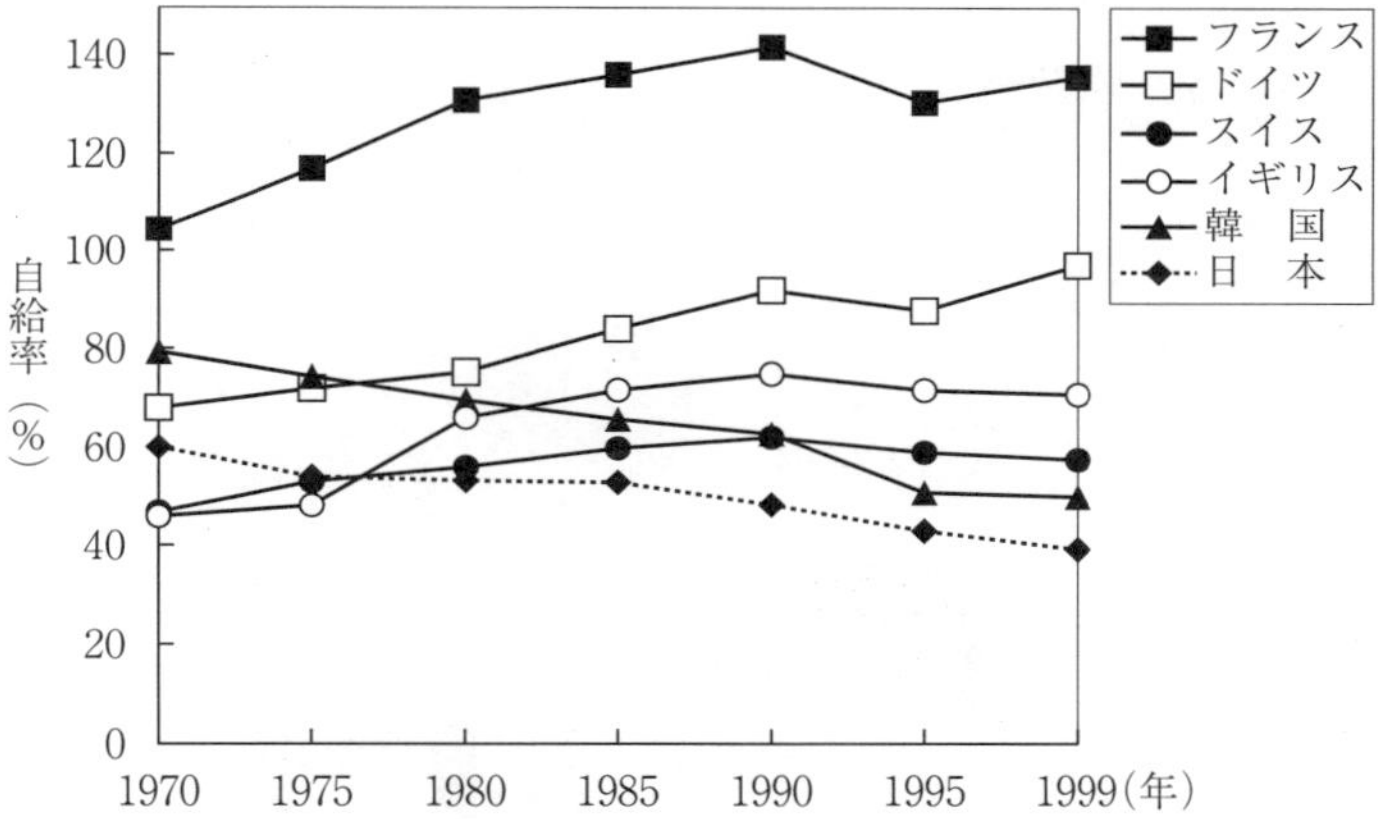

図11. 2　日本と外国の供給熱量自給率の推移 2)

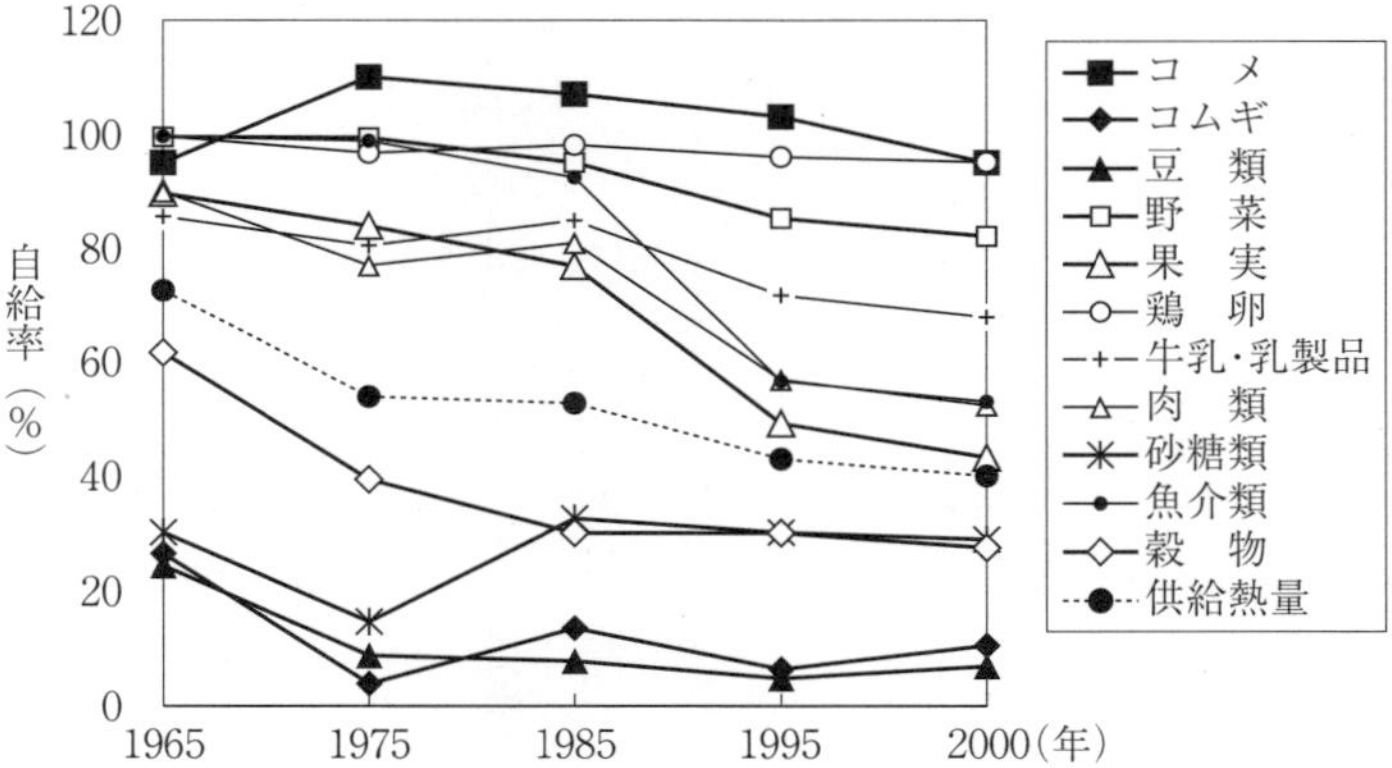

図11. 3　日本の食糧自給率 2)（穀物は食料と飼料用の合計）

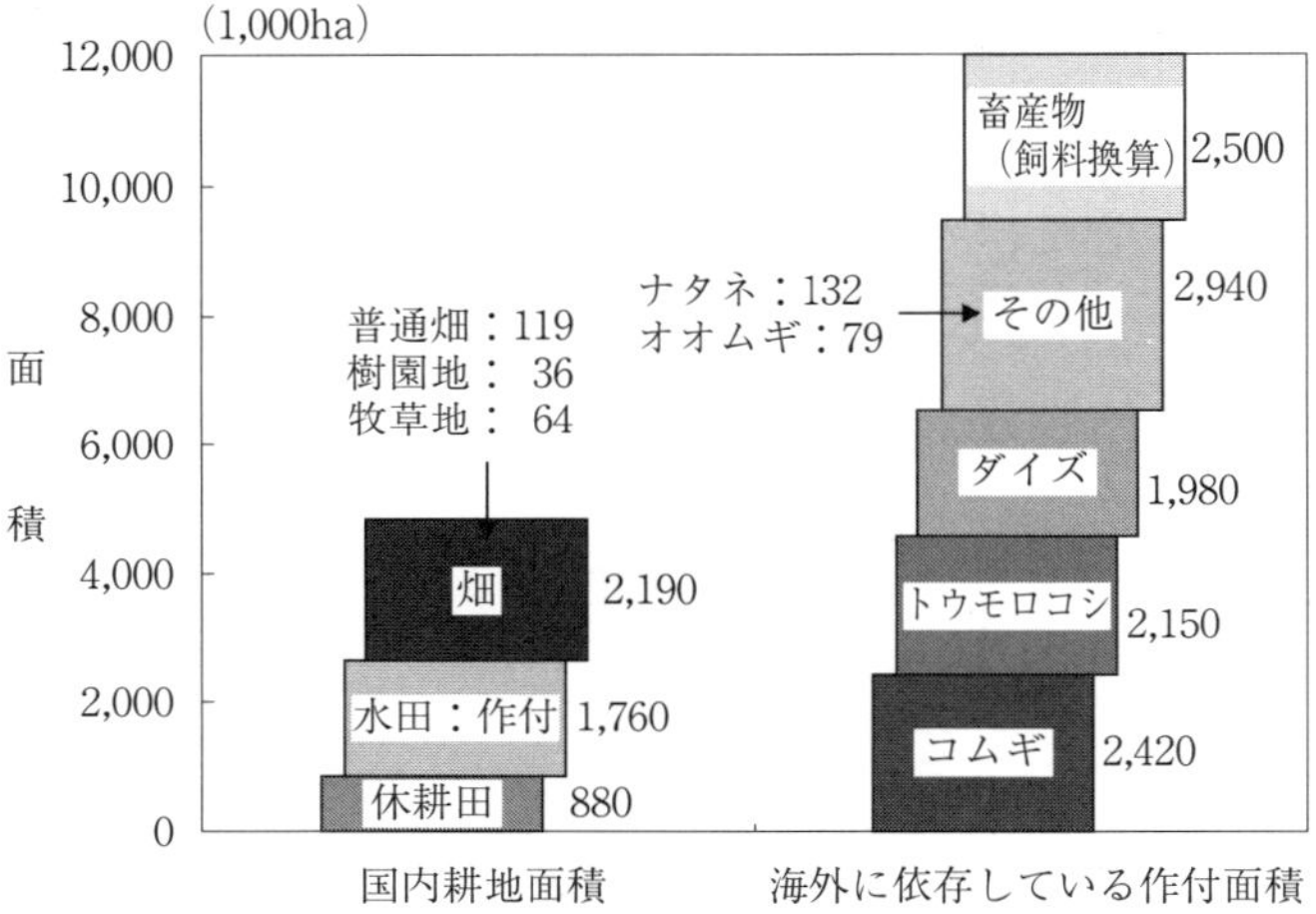

図11. 4　輸入農作物の生産に必要な作付面積[2)]
(国内の面積は2000年、海外は1996年の統計による)

食糧を海外に頼っているということは、図11・4に示したように私たち日本人は海外の農耕地を使わせてもらっているということになります。この図から明らかなように、私たちは国内作付面積約五〇〇万ヘクタールの二・五倍の海外の農地を使わせてもらい食糧を得ているという実態となっています[2]。

1.5　食糧生産のために必要なエネルギー

農業の工業化にともなってエネルギー効率が低下していることはかなり前から指摘されています。ピメンタル（一九七三）によれば、アメリカのトウモロコシ生産の投入エネルギーに対する産出の比率は、一九四五年に三・七〇であったものが、一九七〇年には二・二八でした(3)。日本については、江戸時代と現在の日本の稲作のエネルギー収支を比較した次の例(4)があります。

「コメ一キログラムの熱量は三四〇〇キロカロリーなので、一ヘクタールあたり五トンの収穫は一七〇〇万キロカロリーになる。現在、一キログラムのコメを作るには二二六六キロカロリー（コメ作りのための農機具の償却費五五四キロカロリー：農機具製造に要した全エネルギーを耐用年数で割った値と光熱・動力費五一八キロカロリーの合計一〇七二キロカロリーを含む）のエネルギーが必要とされているので、五トンのコメを収穫するために一一三三万キロカロリーが投入されることになり、一ヘクタールあたりの純益エネルギーは五七〇万キロカロリーとなる。江戸時代には、コメを一ヘクタールで作るには、半年間三人がかかりっきりで働いていた。この労働に一人あたり一〇〇〇キロカロリー使ったとして、一ヘクタールあたり五十四万キロカロリーが投入されたことになる。収穫量は一ヘクタールあたり二・四トン

（四十俵）なので八二〇万キロカロリーが得られ、一ヘクタールあたりの純益は七六六万キロカロリーであった」

つまり、エネルギー効率は現在のほうが江戸時代よりかなり悪いということになります。すなわち工業的農業によってエネルギー効率が悪くなったことは、日本も例外ではなかったのです。

また別の資料[3]によれば、農耕地で使われたエネルギー（日照および人工的投与エネルギーの合計）と収穫されたエネルギーとの比率は、昔の人的農業に比べて工業的農業では二五〇〇倍になっているとされています。しかし、このエネルギーの増加は、品種改良も含めた効率的な耕種法や機械、化学肥料および農薬の使用に支えられていること、いいかえれば化石燃料の大量使用によって支えられているということを念頭に置いておかなければなりません。

現在、農業用機械や施設、資材などの製造・建設および運転のためのエネルギーは、化石燃料から作られるガソリンや電気に依存しています。農薬も肥料もその製造には化石燃料が必要です。化石燃料は、石油以外に石炭や天然ガスの利用、さらに新分離法開発や超重質油の採掘などによって二十一世紀中はなんとかまかなえると予測されています。しかし、発展途上国の人口増加と経済活動向上に伴う消費によって、世界全体の石油消費量が予測以上に増大する可能性もあります。ある試算によれば、二〇五〇年の中国とインドの石油消費量は、一九九〇年の世界の石油消費量に相当する量になるとしています。また、地球資源を次世代に残すという環境倫理からも、化石燃料を使い切ってしまうことは避けなければなりません。

化石燃料の問題としては、枯渇のほかに大気中に排出される二酸化炭素の増加による気温の上昇があります。もし将来、中国とインドの石油使用量が増えれば、大気中の二酸化炭素濃度は現在の三〇〇〜四〇〇ｐｐｍから七〇〇ｐｐｍに上がり、海水面は二十五センチ高くなるという説もあります。地球温暖化による気象の変化は農業にも必ず影響するはずです。それに伴って病害虫・雑草の発生のしかたも変わってくる可能性があり、今後さまざまな対応が必要になってくると思われます。

2　農業と地球環境

2.1　自然保護・環境保全と農業

自然保護といってもその内容は時代とともに変わってきています。初期には、自然保護とは動物園、植物園、緑地公園、狩猟用保護地区を作ることだとされ、次いで自然環境を保つという概念に変わってきて、アメリカのイエローストーン国立公園（一八七二年）やカナダのバンフ国立公園（一八八五年）の指定、そして一九一三年には国際自然保護会議が開かれ、日本では一九三一年に国立公園法（一九五七年に自然公園法に改正）が制定されましたが、この時点ではまだ地球環境保全という視点はなかったようです。環境保全が世界的な課題として認識されるようになったのは一九六〇年代に入ってからですが、この動きもR・カーソンの『沈黙の春』に触発されたことからと考えられます。アメリカでは一九六九年に環境保護局（EPA）が、日本では一九七一年に環境庁が発足しました。環境保全に関する国際条約あるいは宣言としては、「世界遺産条約」（一九七二年）、「世界保全戦略」（一九八七年）、「リオ宣言」（一九九二年）、「生物多様性条約」（一九九三年）などが採択され、日本では、「自然環境保全法」（一九七二年）、「絶滅のおそれのある野生動植物の種の保存に関する法律」（一九九二年）などが施行されました。

産業界では、一九九二年にリオ・デ・ジャネイロで開催された「環境と開発に関する国連会議〈地球サミット（ＵＮＣＥＤ）〉」を契機として、世界各国で環境管理に関心が高まり、一九九六年に環境マネジメントシステムに関する国際規格としてＩＳＯ14000が発効されました。

一言でいえば一九七〇年代を境にして、人類が今後優先的になすべきことは単なる自然保護ではなく環境保全であるとの思想の転換があったといえます。

人間は現在までに、巨大な生産・消費・分解をする生物として、その存在はもはや生態系の一員とみなすことができない存在になっています。しかし人間は地球環境がなければ生存することはできません。一九九二年のリオ宣言では「人類は持続可能な開発の中心にあり、自然と調和しつつ健康で生産的な生活を送る資格を持っている」としていますが、これは現在の私たちには、未来にそなえるために自然と資源を賢明かつ合理的に利用して環境保全を図り、地球の持続性を保っていく責任があるということを示しています。

いま、農業は「持続可能な農業」を指向しています。農耕地の荒廃を防がなければならないことはもちろんですが、それとともに地球環境に与える影響を最小限に抑える「環境保全型農業」でなければなりません。農業に限らずすべての産業で、目先の利益よりも自然の生命を優先させることが必要であり、さらに未来の人類の生存権を保障するため、有限な地球資源を残していくべきだという環境倫理に基づいた行動が、今まで以上に強く求められるようになるものと考えられます。

とはいうものの、今後の食糧需要を満たすために、技術的には工業的農業を進めていく以外に効果的な手段は考えにくいと思います。したがって、これからの農業には、環境への影響の軽減化と化石燃料の節減を図りながら、世界人口を養っていくという困難な課題がつきまといます。

地球環境にとって異物である農薬を使うことは、なるべくなら避けるにこしたことはありませんが、農薬なしに十分な収穫が得られるとは考えられません。農耕地は要求に見合うだけの農産物を作る場所であることを前提とするならば、農耕地とその周りの水路、畦（あぜ）などで防除対象以外の生物を完全に保護することは不可能です。今後さらに農薬が改良されたとしても、防除対象となる有害生物以外にまったく影響しないという農薬が開発される可能性は、残念ながらほとんどありません。タニシやドジョウが減り、トンボやカエルがいなくなってもいいというわけではありませんが、農耕地は食糧生産の場であることを認識し、そのうえで農薬や肥料の投入が農耕地以外の環境にできるだけ影響しないように配慮することが重要です。そのために作物保護の体系として、先に述べた、総合防除を推し進めていく必要があります。

化石燃料以外のエネルギーとして、古くは水車があり、そして現代においては原子力がすでに実用化され、最近では本格的とはいえない規模にしても、太陽光、温泉熱、風力などの利用が始まっています。また、水力発電は環境への影響が大きいので、少なくとも日本では今以上の拡大は望めません。太陽光、温泉熱および風力は、将来は工業用エネルギーとしての利用も期待できそうです。そのほか、燃料電池や二酸化炭素発生の問題があるものの、バイオマス（生物資源）もエネルギーとして利用できそうです。いずれは化石燃料に頼らなくてもよいようなところまで代替エネルギーの開発が進むよう各方面での努力が望まれます。

しかし今のままの開発進展状況では、これらの新しいエネルギー生産技術が化石燃料にとって代わるのは、かなり遠い先のことになるのは間違いなさそうです。今、私たちが早急に実行しなくてはならないことは、なんとか少しずつでも化石燃料の消費量を減らしていくことではないでしょうか。食糧増産を図りつつ投入エネルギーを減らしていけるような構想がでてくることを期待しますが、エネルギー問題はあまりにも大きい課題であり、また残念ながら筆者の力が及ぶ領域でもありません。ただ、感覚的な言いかたですが、エネルギー問題については、とにかくエネルギー節減が最高の美徳であるという社会通念が早急に広がらなければならないと考えます。

農業への化石燃料の投入量を減らすとなると、今の農産物の生産体制を変えなければなりません。あらためて現在の農業生産のエネルギー収支を分析し、どのような栽培体系が今後の低エネルギーを目指した農業に適応できるのかの検討をはじめなければなりません。おそらく、耕種法や品種、農業資材、農薬などあらゆる部分での改革が必要になってくるのではないでしょうか。

2.2　農薬の将来

すでに何回も述べてきましたように、さまざまな防除法がある中で、農薬が最も効果的に有害生物の発生を抑えられることは否定できません。たしかに農薬には欠点もあります。しかし、これからの食糧需要を満たしていくためには他の技術も活用しつつ、農薬の短所を可能な限りなくしていく努力を続けながら使っていくことになると思います。

「理想的な農薬」の条件は以下のようなことだといえます。

①効力が高く、少量で防除効果がある。②残効性がある。③広い範囲の有害生物に防除効果がある。④標的生物以外には作用しない。⑤作物と環境中で早く無害な物質に分解し、その分解物も残留しない。⑥施用しやすい。⑦施用すべき場所から逸散しない。⑧価格が安い。さらに付け加えるとするならば、⑨化石燃料なしで製造できる。

これらの項目のうち、②と⑤は矛盾するようですが、現在の農薬もある適度の残効性があり、かつ残留性も問題にならないように作られているので、そう難しい課題ではないと思います。

④に関しては、おそらくこの条件を満足させることは、とくに殺虫剤では天敵となる昆虫類との選択性を付与しなければならないので、至難の業であろうと考えられます。ただし、第3章3節でも紹介したように、現在の農薬でも使用法と薬剤の選択によって、生態系への影響を少なくすることは可能なので、今後とも生態系への影響に配慮しつつ、適切な使用法を確立することが先決と考えられます。

最近の新農薬の開発状況をみますと、効力が認められる新しい化学構造物発見のチャンスは少なくなっています。見つかったとしても安全性に問題があるなどの理由から、一九七〇〜八〇年代に比べると上市される新農薬の数は減ってきています。しかし、発見の頻度は下がっても、今後新しい方向の農薬が開発される可能性は多分にあると思います。また、有効成分については、遺伝子技術に期待できるところがありそうです。天然物質の中には、化学合成農薬にはみられない化学構造をもち、農薬としての効果をもつものがかなり知られています。遺伝子組み換え技術を応用すれば、そのような化合物を、植物あるいは微生物を使って大量生産することも可能でしょう。

ここ数年、外国の農薬企業の合併があい次いでいます。その理由としては、世界的に農薬市場が飽和状態になって農薬市場が鈍化してきていること（といってもそれは先進国でのことで、発展途上国は農薬を必要としながら経済的に農薬の導入ができないという現実ではありますが）、さらに新規化合物発見の確立が低くなってきたこと、また安全性評価のための研究経費が増大して、開発研究投資が膨張してきていることなどがあげられます。

日本の農薬企業にも合併の動きがありますが、それでも大規模な多国籍農薬企業に比べれば中小企業の規模です。しかし、今までの日本企業の新農薬創製研究は、世界的にみても化学構造をデザインする能力は高く、数々のユニークな農薬の開発に成功しています。さらに多国籍大企業と違うところは、一般に日本企業が開発した農薬は、それが使われる市場があまり大きくない、いわゆる「小型農薬」でも商品化されていることです。世界的な規模で農薬を販売する国際企業だと大所帯を抱えて経費もかかるため、市場の大きさが研究開発や商業活動への投資を回収できる見通しがなければその農薬は製品化されませんが、それに比べると日本企業は従業員数も少なく、市場が小さくても投資の回収が見込めるため、小型農薬の開発には有利な立場にあると考えられます。

先にも述べましたが、今後の農薬には、人間への安全性はもちろんのこと、天敵や野生生物に対する選択性が求められます。一般的にこのような選択性をもつ化合物は、防除できる有害生物の種類も限られてしまう傾向があり、その市場はある程度限定されることになります。日本の農薬企業は、このような市場への供給に適当な規模であるといえるのではないでしょうか。今後の農薬は、天敵保護、抵抗性発達のためのローテーションなど、ＩＰＭ（有害生物総合管理）のためのきめ細かい使いかたができるような小型農薬が各種揃えてあると、より選択の幅が広がると考えられます。大きいだけがいいことではないので、日本企業の今後に期待したいところです。

農業の体系が変われば、農薬の使い方や必要となる農薬も変わってきます。前述したように、手植えから苗箱処理への変遷はその典型的な例です。近年ニカメイチュウの発生が少なくなってきましたが、これには機械移植への転換が関係していると考えられます。

日本の稲作では現在のところ普及していませんが、イネの直播栽培は、生産コストの低減が図れるのではないかと期待されています。将来、品種改良と栽培技術の進歩によって収量が安定するようになれば、直播栽培は移植栽培に取って代わる可能性があります。また、最近試みられているイネの不耕起栽培は、エネルギー消費節減、土壌環境の保全、土壌の流亡防止などの利点があります。直播栽培や不耕起栽培が盛んになれば、病害虫・雑草の発生のしかたも変わってくる可能性があり、そこで使われる農薬も今までとは異なる性質が求められるようになることが考えられます。

さらに、品種改良によっても病害虫発生の様相も変わってくるでしょう。たとえば、イネのハイブリッド品種は従来品種より多収性で、今後の食糧増産に貢献する可能性を秘めています。しかし、ハイブリッド品種ではニカメイチュウの発生が多くなる傾向があり、その防除が不可欠になるかもしれません。以上はほんの一例ですが、食糧増産、コスト低減など将来の要求に即して農業体系が変われば、必要とされる農薬も変わってくるということを予測しておかなければなりません。

2.3　バイオテクノロジー——遺伝子組み換え作物

本書は農薬について書かれた本ですが、将来の作物保護について考えるとき、遺伝子組み換え作物もその資材として、農薬と同様に利用される可能性を考えなければならないと思います。

予測される人口増加に対処するためには、とにかく現在の十四億ヘクタールの耕地が最大限活用されなければなりません。そのためにはまず育種によって多収性品種を育成する必要があります。さらに、現在普通に栽培されている品種に対しストレスとなっている、乾燥・多湿・高温・低温・塩分など、さまざまな環境にも耐えられるような品種が望まれます。病害虫抵抗性や雑草抵抗性（アレロパシーの利用など）品種も必要です。食料として利用できるものであれば従来の作物種にこだわらず、もっと広範囲の植物の改良や利用すら考えられます。これらのような作物を育種するためには、従来型の交配育種だけではなく、遺伝子組み換え技術も必要になってくるのです。

現在、遺伝子組み換え作物を商業的に栽培している主な国はアメリカとカナダです。二〇〇二年のアメリカの遺伝子組み換え作物の作付面積は表11・1の通りです。[5]日本はダイズ、ナタネ

表11.1　アメリカの組み換え作物の作付面積[5)]

年	作　物	全作付面積（1,000エーカー）	全作付面積に対する組み換え体の割合（%）			
			耐虫性	除草剤耐性	虫・草耐性*	計
2001	トウモロコシ	75,752	18	7	1	26
	ダイズ	74,105		68		68
	ワタ	15,768	13	32	24	69
2002	トウモロコシ	78,947	22	9	2	34
	ダイズ	72,993		75		75
	ワタ	14,416	13	36	22	71

*耐虫性・除草剤耐性を併せもつ組み換え体。
空欄は作付けなし。

などは加工品（しょうゆ、食用油など）の原料としてアメリカから大量に輸入しているので、私たちはすでにかなりの割合で遺伝子組み換え作物の製品を口にしているはずです。しかし、日本では遺伝子組み換え作物の安全性が疑問視されているため、政府機関と一部の私企業を除いて、県の試験研究機関などは遺伝子組み換え品種の研究をほとんど中止してしまいました。また、日本でもかなりの数の遺伝子組み換え食用作物品種の栽培が認可されてはいますが、現在国内で栽培されている品種はありません。ヨーロッパのいくつかの国も組み換え品種に否定的ですが、これは自国の農業を輸入農産物から守るための政策という見解もあり、安全性が問題だからというわけだけではないようです。

日本での遺伝子組み換え作物の栽培と収穫物の利

用には厳しい規制があります。環境への安全性と食品としての安全性の両面から確認されなければ、作付けは認可されません。安全性評価の方法は、アメリカも日本もほとんど同じでありながら、現状ではアメリカ人は遺伝子組み換え作物を食べていますが、日本人は加工品となっているもの以外は食べられません。現在、日本の食糧自給率が四〇%であること、自国の農地の二倍以上の農地を海外で使っている日本は、今後遺伝子組み換え作物も含めた総合的な食料増産計画を必要としています。遺伝子組み換え作物については、その安全性の確認は当然のことですが、将来の日本の食糧を考えるとき、遺伝子組み換え技術で、世界に遅れをとることがないようにしなければなりません。

作物保護の分野でも、遺伝子組み換え技術はさまざまな面に応用できます。耐虫性作物への応用としては、バチルス・チュリンギエンシス（*Bacillus thuringiensis*: BT）という昆虫寄生性のバクテリアの殺虫性毒素生産遺伝子を導入したトウモロコシ、ジャガイモ、ワタなどが実用化され、化学農薬だけに頼らない防除が実現しています。

また除草剤耐性作物への応用は、除草剤化合物を分解する酵素系を導入した遺伝子組み換え作物や、グリホサートという非選択性除草剤を分解できる微生物のもつ、グリホサート分解酵素系遺伝子を導入した作物品種の育種などがあります。グリホサートを散布した際、この品種には除草剤の影響がまったくなく、雑草だけが枯れ、そのうえ雑草の適期防除ができるので、除草剤散布回数を減らすことができます。

そのほかにも、研究段階から実用化寸前のものまで、遺伝子組み換え作物は数多くあります。たとえば、カビ類で起こる病害や、農薬では防除が難しいウイルス病に対する抵抗性作物を作ることができます。このような病害虫、あるいは除草剤抵抗性作物は、今までより少ない農薬で栽培することができ、環境への負荷が少なく、生産コストの面でも利点があるものと考えられ、今後の農業生産には欠くことのできない技術になると思われます。

最近は第二世代遺伝子組み換え作物として、収穫物に機能性を付与した品種の開発研究が行われています。コメの例ですと、腎臓病患者の食事療法用の低タンパク米、高血圧予防米、ベータカロチン含有米、花粉アレルギー防止米などがあります。機能性作物の開発は、これまでの遺伝子組み換え作物が生産者にメリットがあっても、消費者には何ら恩恵がないという消費者側の思いを満たすものであると思われます。たしかに機能性作物はそれなりに価値があることは間違いありません。遺伝子組み換え技術には、まだ解決しなければならない安全性の問題があることは確かですが、遺伝子組み換え技術は食糧増産にも貢献できることを忘れてはなりません。将来の農業と食糧生産がどのような状況になっていくのかを考え、生産性の向上と環境保全の両者がともに進展していくための努力が続けられていかなければならないと考えます。

（坂井道彦）

◆引用文献

(1) 国際食糧農業協会　http://www.fao-kyokai.or.jp（二〇〇二）
(2) 農林水産省：わが国の食糧自給率―平成十二年度支給率レポート：食料需給表（二〇〇一）
(3) 内嶋善兵衛：二十一世紀の食糧・農業、奥野忠一（編）、一〇頁、東大出版会（一九七五）
(4) 深海　浩：変わりゆく農薬―環境ルネッサンスで開かれる扉、五五頁、化学同人（一九九八）
(5) National Agricultural Statistics Service, USDA: Jun. 2002
(6) United Nations: World Population Prospects: The 2000 Revision

◆参考文献

加藤尚武：環境倫理学のすすめ、丸善ライブラリー（一九九一）
鬼頭秀一：自然保護を問いなおす―環境倫理とネットワーク、ちくま新書（一九九六）
西尾道徳：有機栽培の基礎知識、農山漁村文化協会（一九九七）
沼田　真：自然保護という思想、岩波新書（一九九四）

民間稲作研究所（編）：除草剤を使わないイネ作り（一九九一）
山田康之・佐野　浩（編）：遺伝子組替え植物の光と影、学会出版センター（一九九九）

ぜひ知っておきたい　農薬と農産物

2003年11月28日　初版第1刷発行

編著者　坂　井　道　彦
小　池　康　雄

発行者　桑　野　知　章

発行所　株式会社　幸　書　房

〒101-0051　東京都千代田区神田神保町1-25
TEL 03-3292-3061　FAX 03-3292-3064
URL http://www.saiwaishobo.co.jp

Printed in Japan
2003©

印刷：倉敷印刷㈱

ISBN4-7821-0238-0　C1061